DIESES BUCH GEHÖRT ZU

_____

INHALTSVERZEICHNIS

INHALTSVERZEICHNIS

ABSCHNITT 1 RHINOZEROS

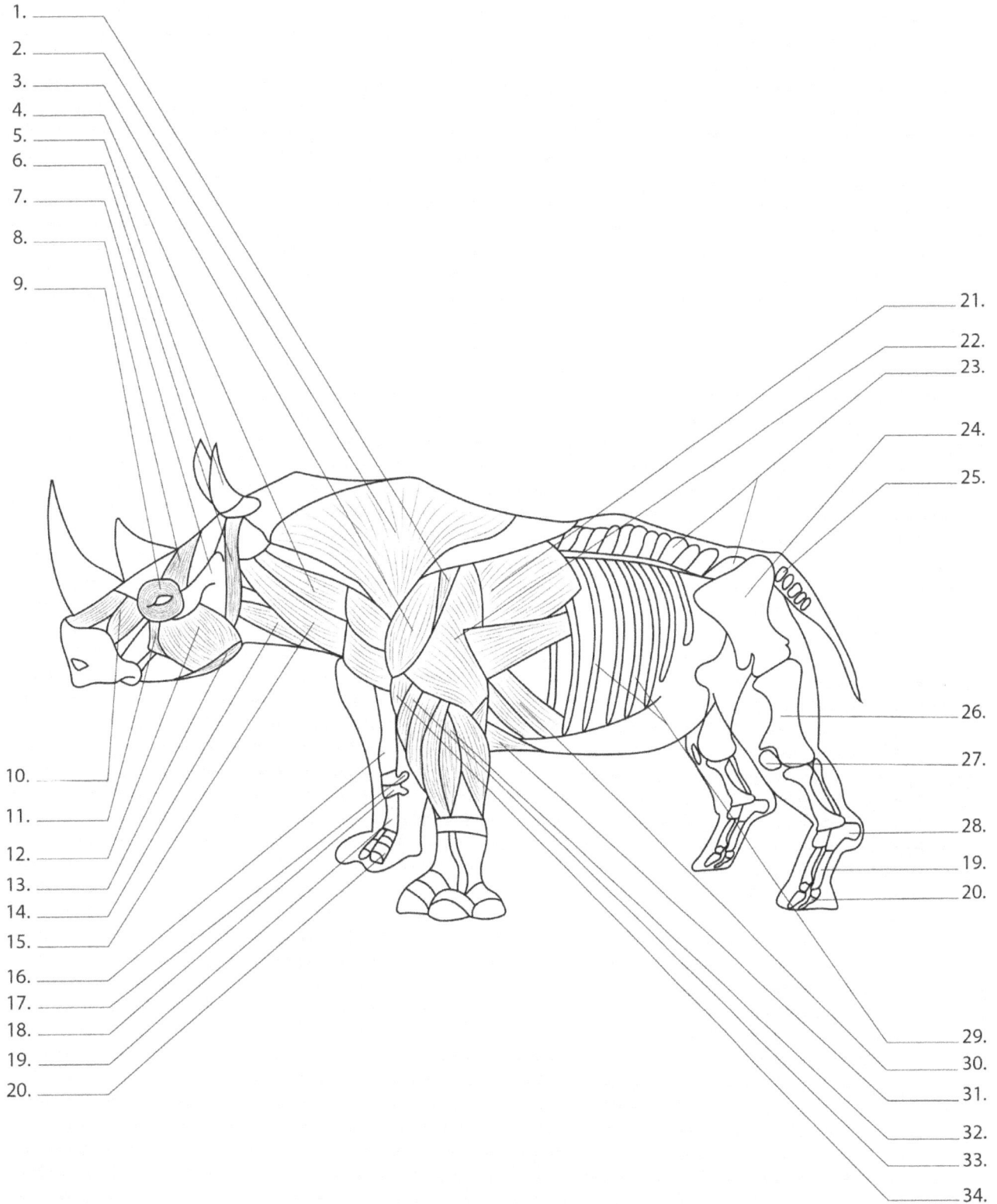

1.

2.

3.

4.

5.

6.

7.

8.

9.

21.

22.

23.

24.

25.

26.

27.

10.

11.

12.

13.

14.

15.

16.

17.

18.

19.

20.

28.

19.

20.

29.

30.

31.

32.

33.

34.

ABSCHNITT 1 RHINOZEROS

1. Musculus teres major
2. Muskulärer Trapezius
3. Deltamuskel
4. Sternocephalicus-Muskel
5. Ohr
6. Jochbeinmuskel
7. Jochbeinbogen
8. Schläfenmuskel
9. Musculus orbicularis oculi
10. Nasolabialis-Muskelhebel
11. Muskelbeschwerden
12. Massagegerät für Muskeln
13. Mylohyloider Muskel
14. Digastricus-Muskel
15. Muskulärer Sternomastoideus
16. Radius
17. Piriform-Knochen
18. Karpus
19. Mittelhandknochen
20. Zehenspitzen
21. Latissimus-dorsa-Muskel
22. Muskulöser Trizeps
23. Lendenwirbel
24. Becken
25. Caudalwirbel
26. Oberschenkelknochen
27. Patella
28. Ancus
29. Küsten
30. Schräger äußerer Bauchmuskel
31. Brustmuskel (Musculus pectoralis ascendens)
32. Handgelenk- und Fingerverlängerungen
33. Carpi radialis-Muskelexpander
34. Brachialer Muskel

ABSCHNITT **2** LÖWE

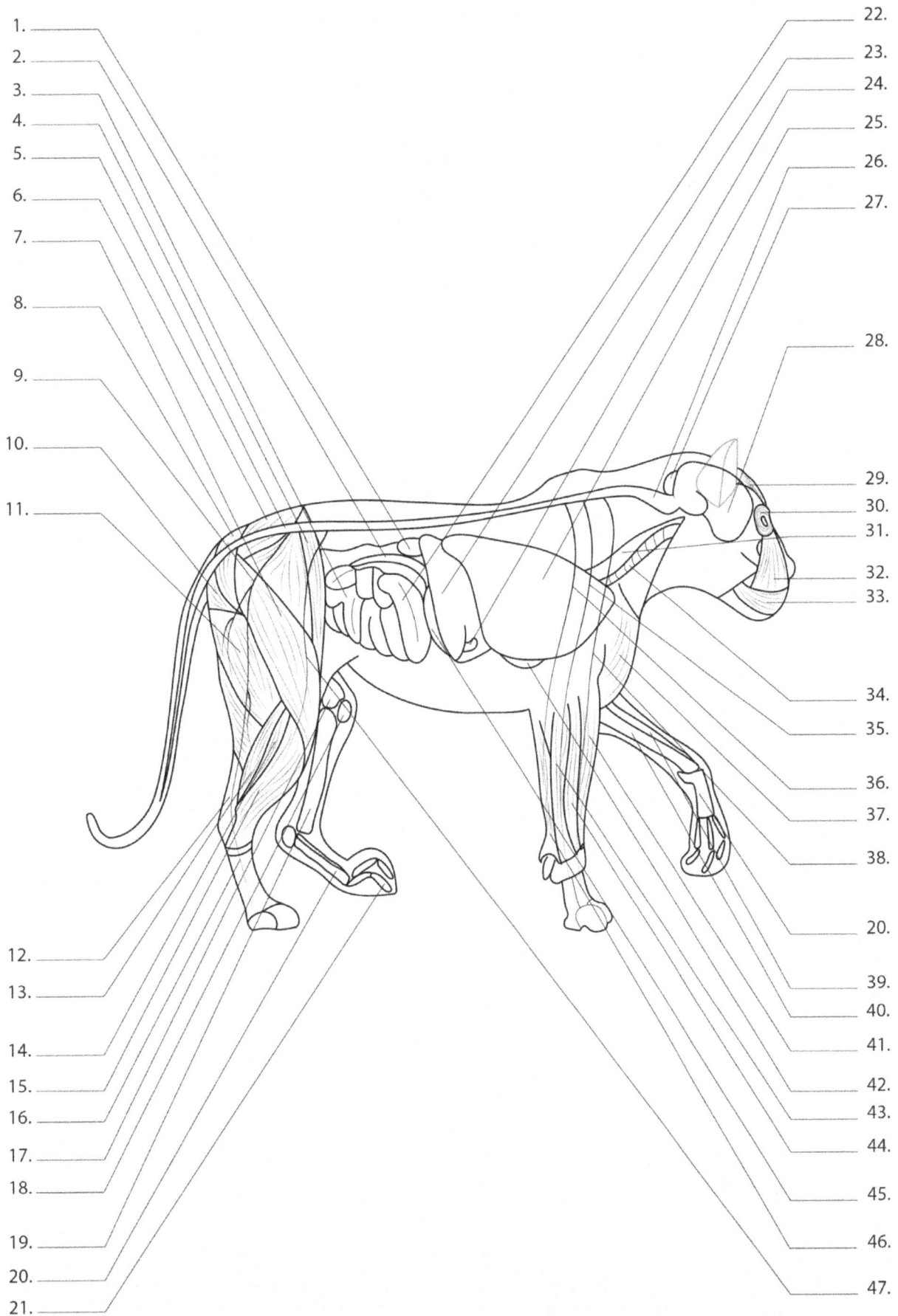

1.

2.

3.

4.

5.

6.

7.

8.

9.

10.

11.

12.

13.

14.

15.

16.

17.

18.

19.

20.

21.

22.

23.

24.

25.

26.

27.

28.

29.

30.

31.

32.

33.

34.

35.

36.

37.

38.

20.

39.

40.

41.

42.

43.

44.

45.

46.

47.

ABSCHNITT **2** LÖWE

1. Nieren
2. Bauchspeicheldrüse
3. Dünndarm
4. Muskulärer Satrorius
5. Rückenmark
6. Fascia latae-Muskelspanner
7. Musculus vastus lateralis
8. Maximaler Gesäßmuskel
9. Ischiasnerv
10. Musculus Caudal Femoris
11. Bizeps femoris Muskel
12. Achillessehne
13. Dammmuskel Longus
14. Muskelexpander digitorum longus
15. Tibialis-cranfalis-Muskel
16. Schienbeinnerv
17. Oberschenkelknochen
18. Patella
19. Schienbein
20. Metatarsus
21. Zehenspitzen
22. Der Dickdarm
23. Leber
24. Gallenblase
25. Lunge
26. Hirnstamm
27. Cervelet
28. Zerebrale Hemisphäre
29. Schläfenmuskel
30. Musculus orbicularis oculi
31. Speiseröhre
32. Nasolabialis-Muskelhebel
33. Musculus orbicularis oris
34. Luftröhre
35. Der Nervus medianus
36. Der Nervus ulnaris
37. Brachiocephaler Muskel
38. Radialnerv
39. Radius
40. Ulna
41. Muskelexpander digitoris communis
42. Herz
43. Carpi ulnaris-Muskel-Expander
44. Muskelexpander Digitorum lateralis
45. Magen
46. Flexor carpi ulnaris Muskel
47. Nervus femoralis

ABSCHNITT 3 HIPPO

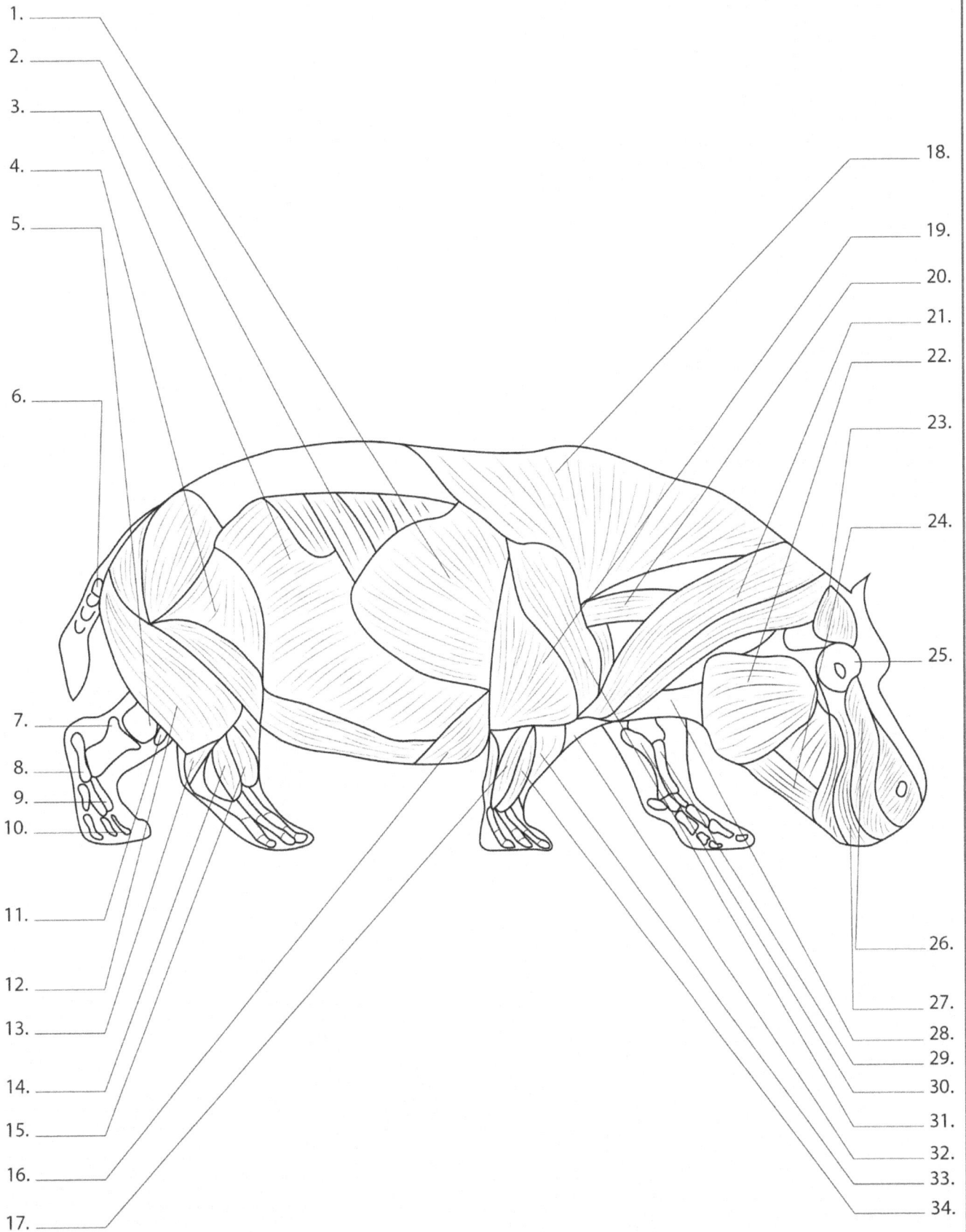

1.
2.
3.
4.
5.
6.
7.
8.
9.
10.
11.
12.
13.
14.
15.
16.
17.

18.
19.
20.
21.
22.
23.
24.
25.
26.
27.
28.
29.
30.
31.
32.
33.
34.

ABSCHNITT 3 HIPPO

1. Latissimus dorsi Muskel
2. Serratus-Muskel
3. Schiefer Bauchmuskel
4. Fascia latae-Muskelspanner
5. Oberschenkelknochen
6. Coccygealwirbel
7. Wadenbein
8. Calcaneus
9. Metatarsus
10. Zehenspitzen
11. Patella
12. Bizeps Oberschenkelmuskel
13. Tiefer digitaler Beugemuskel
14. Muskelexpander digitorum pedis lsteralis
15. Muskelexpander digitorum longus
16. Pektoraler Muskel
17. Carpi ulnaris-Muskel-Expander
18. Trapezmuskel
19. Muskulöser Trizeps
20. Muskel-Splenius
21. Brachiocephaler Muskel
22. Massagegerät für Muskeln
23. Schläfenmuskel
24. Unterlippenmuskeldrücker
25. Musculus orbicularis oculi
26. Lippenmuskel anheben
27. Musculus orbicularis oris
28. Sternohyoideus-Muskel
29. Ulna
30. Radia
31. Deltamuskel
32. Brachialer Muskel
33. Carpi radialis-Muskelexpander
34. Muskelexpander digitorum communis

ABSCHNITT 4 PAPAGEI

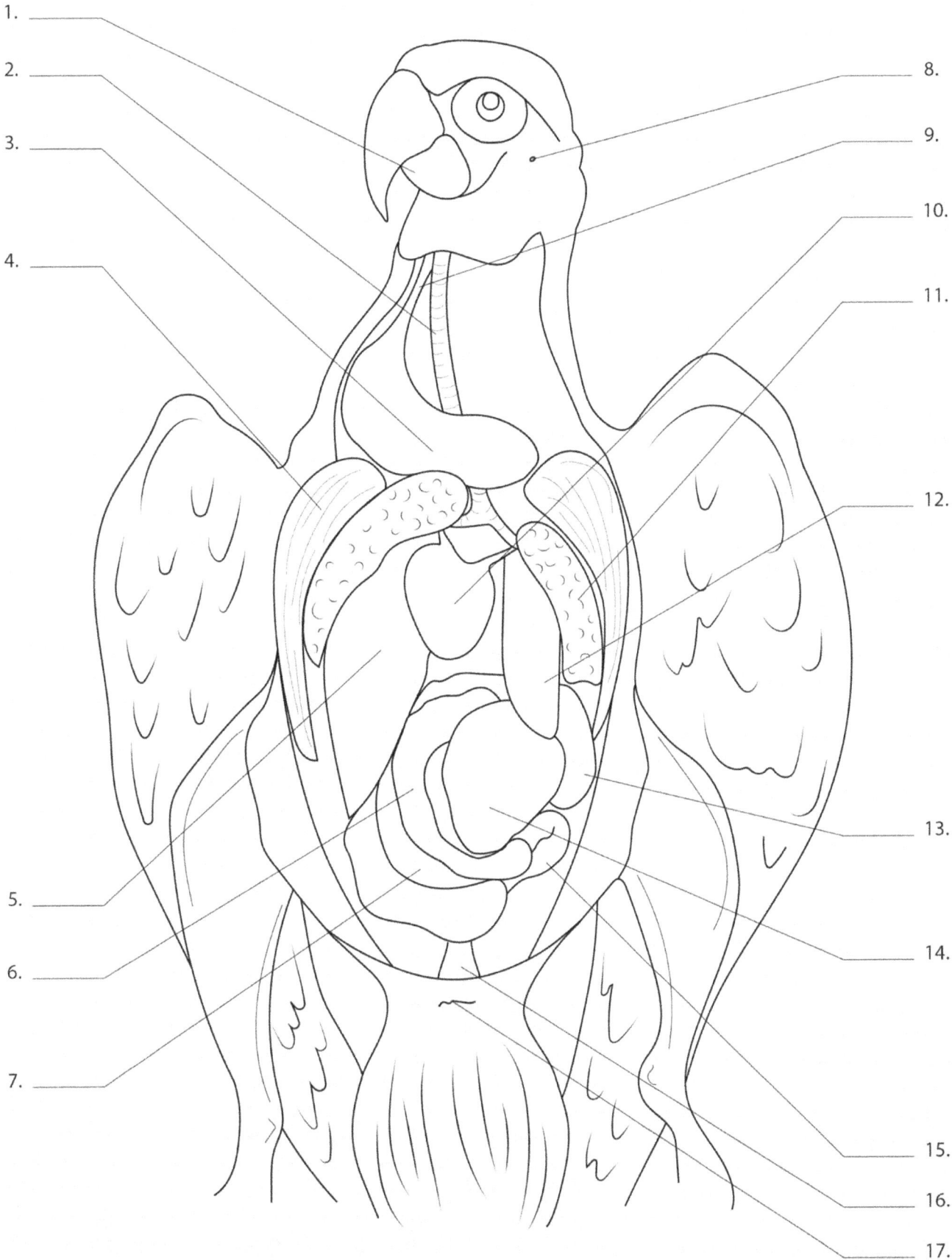

1.

2.

3.

4.

5.

6.

7.

8.

9.

10.

11.

12.

13.

14.

15.

16.

17.

ABSCHNITT 4 PAPAGEI

1. Schnabel
2. Tracks
3. Kultur
4. Pektoraler Muskel
5. Leber
6. Zwölffingerdarm
7. Bauchspeicheldrüse
8. Ohr
9. Speiseröhre
10. Herz
11. Lunge
12. Proventrikel
13. Niere
14. Ventrikel oder Muskelmagen
15. Dünndarm
16. Cloaca
17. Anus oder Entlüftung

ABSCHNITT 5 MEERSCHWEINCHEN

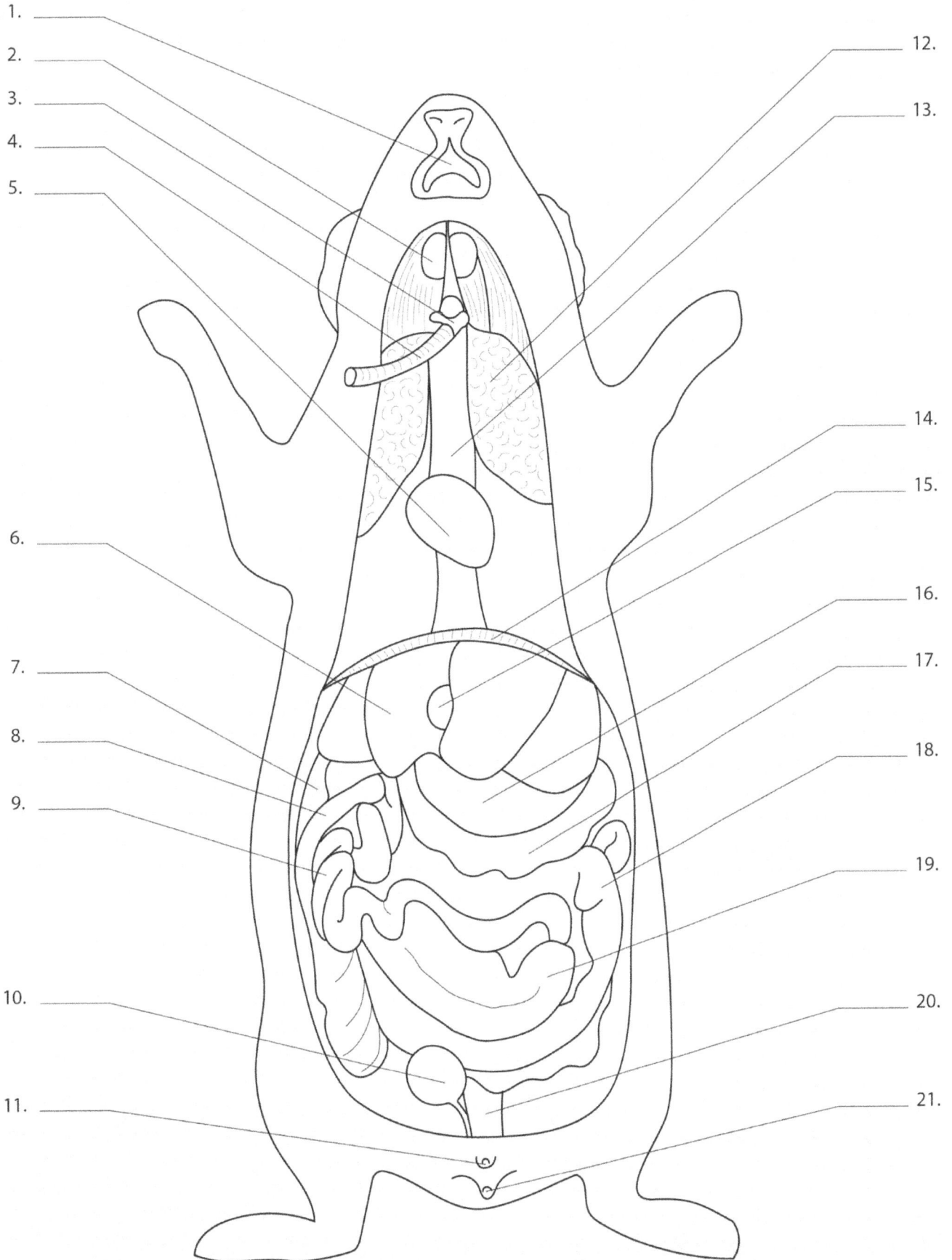

1.

2.

3.

4.

5.

6.

7.

8.

9.

10.

11.

12.

13.

14.

15.

16.

17.

18.

19.

20.

21.

ABSCHNITT 5 MEERSCHWEINCHEN

1. Mund
2. Submaxillardrüse
3. Kehlkopf
4. Luftröhre
5. Herz
6. Leber
7. Jejunum
8. Zwölffingerdarm
9. Ileum
10. Blase
11. Harnröhre
12. Lunge
13. Speiseröhre
14. Diaphragma
15. Gallenblase
16. Magen
17. Querkolon
18. Aufsteigender Dickdarm
19. Cecum
20. Rektum
21. Anus

ABSCHNITT 6 LLAMA

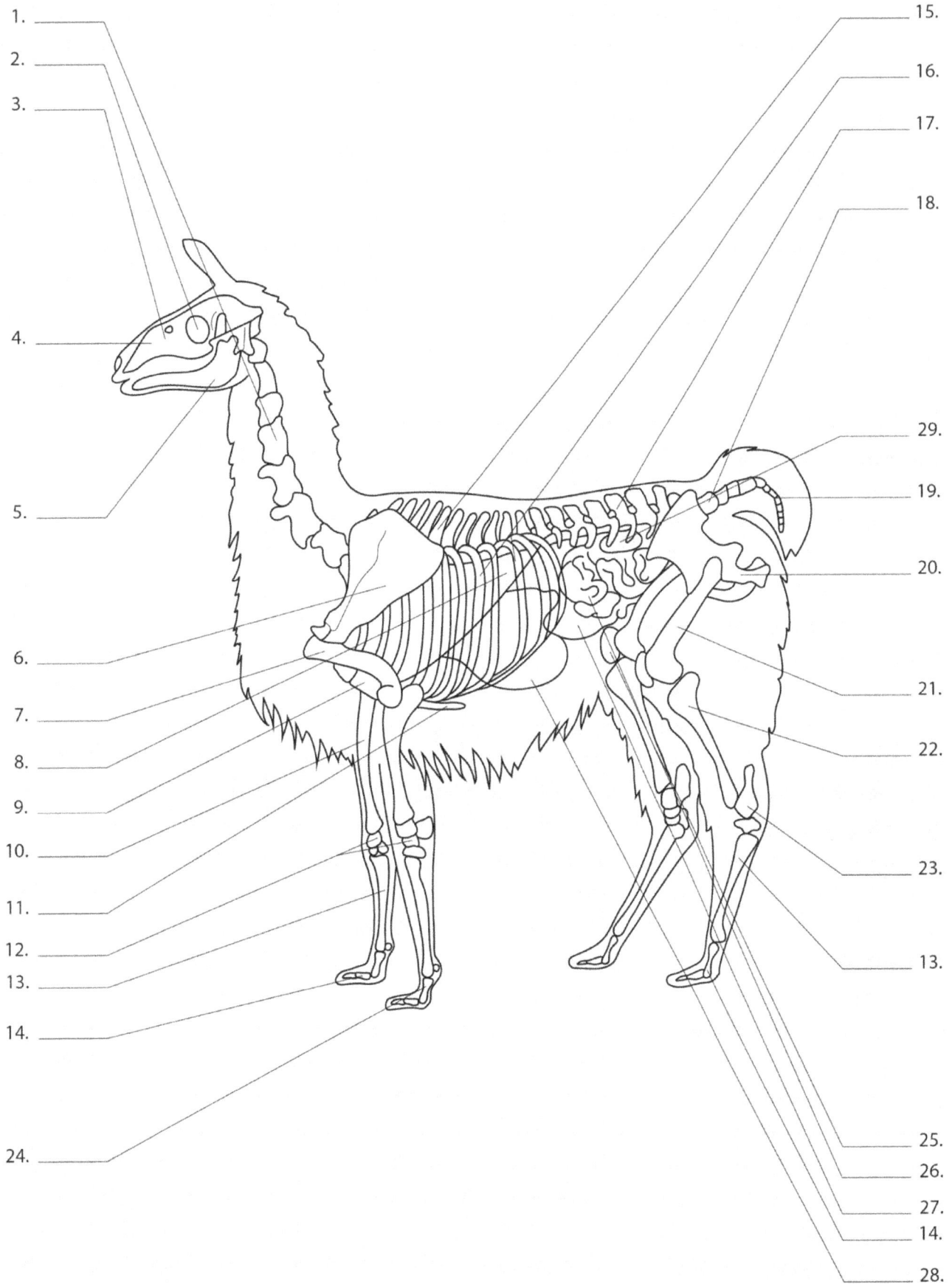

1.

2.

3.

4.

5.

6.

7.

8.

9.

10.

11.

12.

13.

14.

24.

15.

16.

17.

18.

29.

19.

20.

21.

22.

23.

13.

25.

26.

27.

14.

28.

ABSCHNITT 6 LLAMA

1. Halswirbelsäule
2. Umlaufbahn
3. Schädel
4. Oberkiefer
5. Mandibla
6. Schulterblatt
7. Oberarmknochen
8. Lunge
9. Sternum
10. Radius
11. Xiphoid-Prozess
12. Karpus
13. Mittelhandknochen (Lauf)
14. Zehenspitzen
15. Brustwirbelsäule
16. Küsten
17. Lendenwirbel
18. Kreuzbein
19. Caudalwirbel
20. Becken
21. Oberschenkelknochen
22. Schienbein
23. Tarsus
24. Fesseln
25. Patella
26. Dünndarm
27. Magen
28. Leber
29. Niere

ABSCHNITT **7** STRAUß

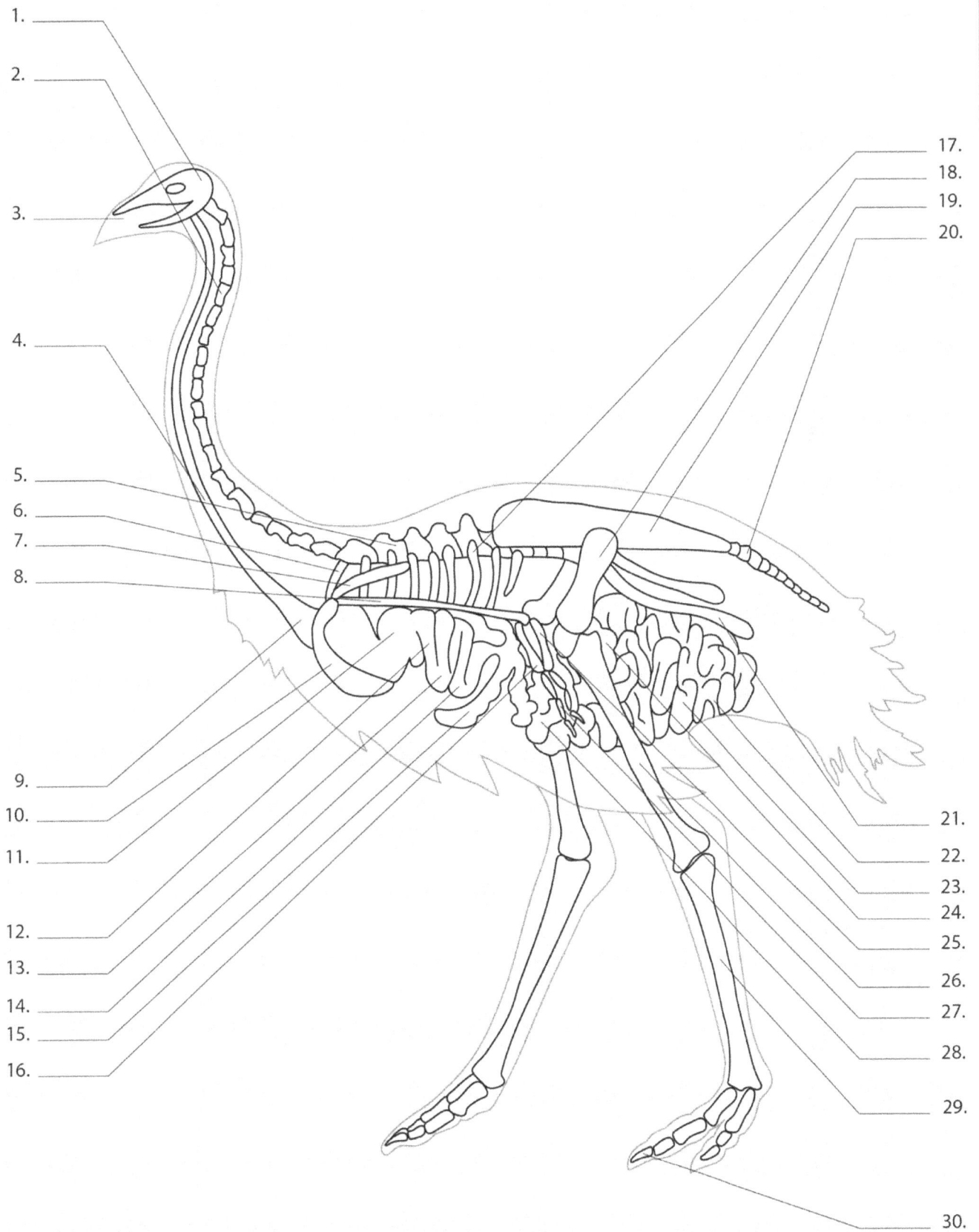

1.

2.

3.

4.

5.

6.

7.

8.

9.

10.

11.

12.

13.

14.

15.

16.

17.

18.

19.

20.

21.

22.

23.

24.

25.

26.

27.

28.

29.

30.

ABSCHNITT 7 STRAUß

1. Schädel
2. Halswirbelsäule
3. Maul und Schnabel
4. Speiseröhre
5. Brustwirbelsäule
6. Clavicula
7. Schulterblatt
8. Oberarmknochen
9. Proventriculus
10. Sternum
11. Gésier
12. Zwölffingerdarm
13. Jejunum
14. Ileum
15. Cecum
16. Radius
17. Küsten
18. Oberschenkelknochen
19. Becken
20. Caudalwirbel
21. Pubis
22. Cloaca
23. Distaler Dickdarm
24. Mittlerer Dickdarm
25. Ulna
26. Tibiotarsus
27. Zehenspitzen
28. Proximaler Dickdarm
29. Tarsometatarsus
30. Pedal Phalangen

ABSCHNITT 8 SKORPION

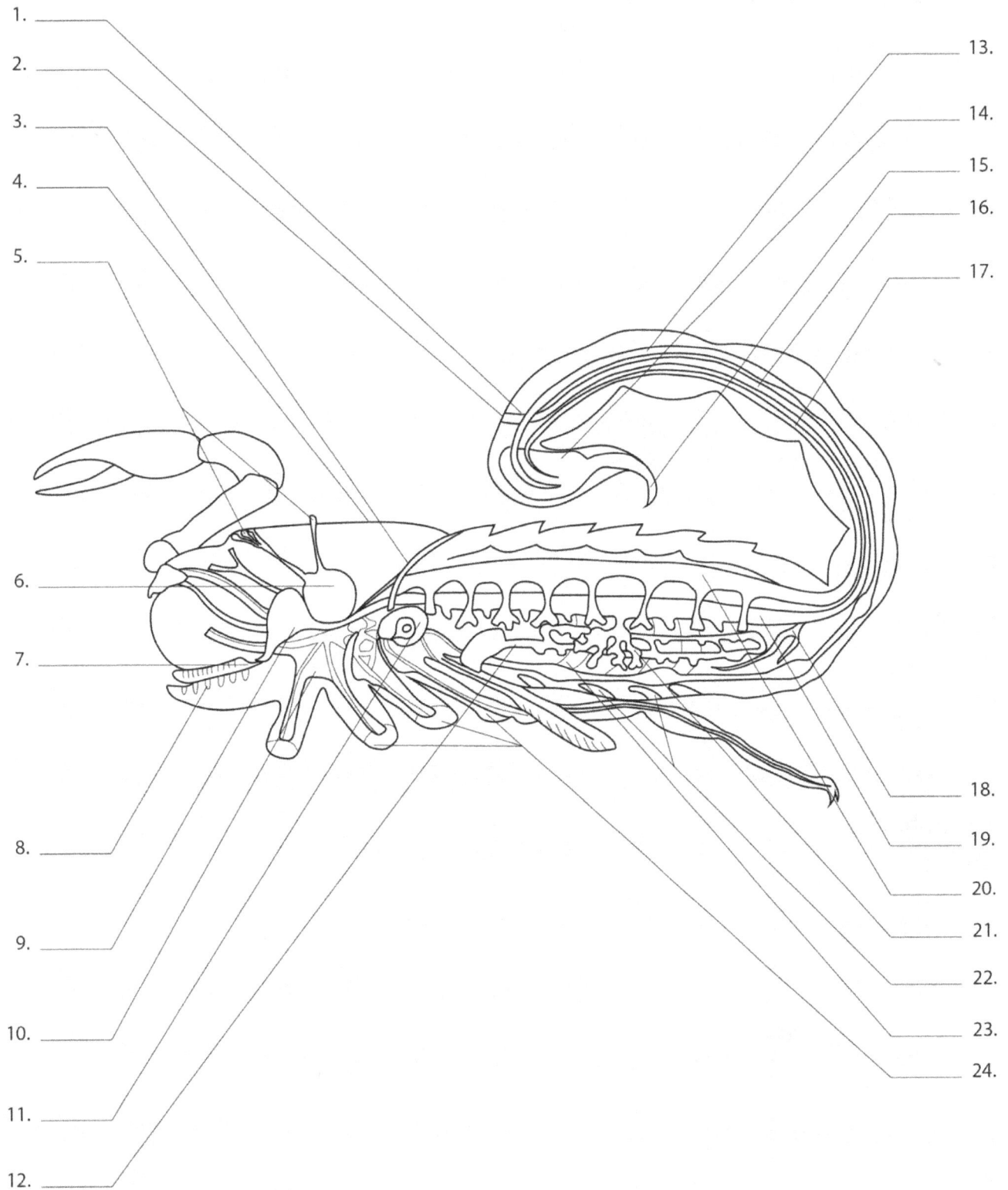

1. _____

2. _____

3. _____

4. _____

5. _____

6. _____

7. _____

8. _____

9. _____

10. _____

11. _____

12. _____

13. _____

14. _____

15. _____

16. _____

17. _____

18. _____

19. _____

20. _____

21. _____

22. _____

23. _____

24. _____

ABSCHNITT 8 SKORPION

1. Der hintere Teil des Darms

2. Anus-Ventile

3. Diaphragma

4. Prosome-Schild

5. Augen

6. Gehirn

7. Mund

8. Gnathocoxal-Drüsen

9. Pharyngeal

10. Subösophageale Nervenmasse

11. Steißbeindrüse

12. Genital-System

13. Nervenstrang

14. Giftblase

15. Sting

16. Ileon

17. Subintestinale Arterie

18. Malpighi's Röhren

19. Mitteldarm

20. Herz

21. Verdauungsdrüse

22. Lungenpfund

23. Venöser Sinus

24. Beine

ABSCHNITT 9 CHAMAUE

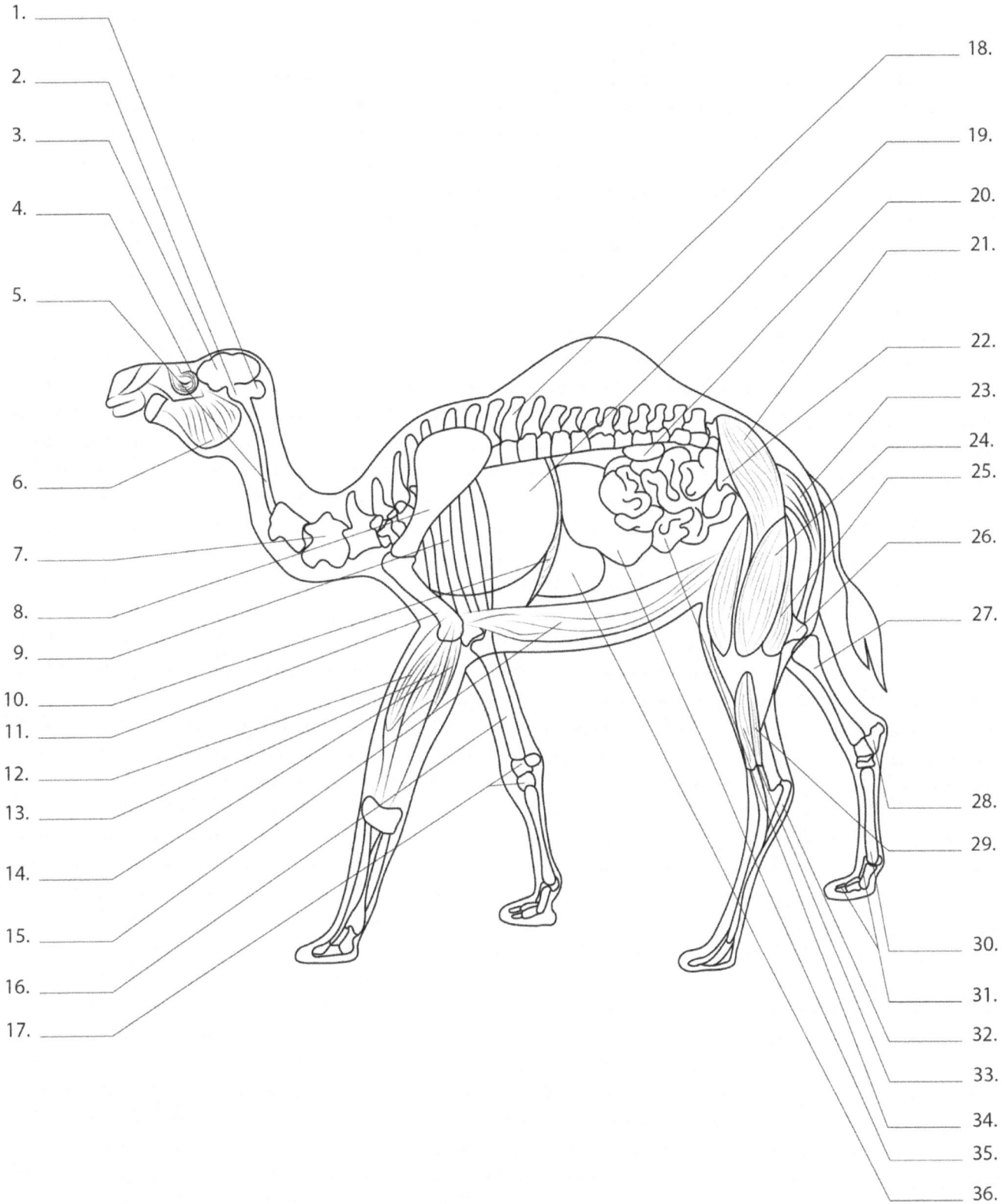

1.

2.

3.

4.

5.

6.

7.

8.

9.

10.

11.

12.

13.

14.

15.

16.

17.

18.

19.

20.

21.

22.

23.

24.

25.

26.

27.

28.

29.

30.

31.

32.

33.

34.

35.

36.

ABSCHNITT 9 CHAMAUE

1. Cervelet
2. Zerebrale Hemisphäre
3. Hirnstamm
4. Augenhöhle (Orbicularis oculi)
5. Rückenmark
6. Masseur
7. Halswirbelsäule
8. Schulterblatt
9. Küsten
10. Diaphragma
11. Oberarmknochen
12. Brachioradialis-Muskel
13. Verlängerungsstück des Musculus digitorum communis
14. Verlängerungsstück des Musculus carpi ulnaris
15. Pektoraler Muskel
16. Radius
17. Karpalknochen
18. Brustwirbelsäule
19. Lunge
20. Niere
21. Mittlerer Gesäßmuskel
22. Becken
23. Coccygeus
24. Bizeps femoris Muskel
25. Semimembranöser Muskel
26. Oberschenkelknochen
27. Schienbein
28. Fußwurzelknochen
29. Langer Rumpfmuskel
30. Kanonenknochen
31. Zehenspitzen
32. Achillessehne
33. Extensor-Muskel des Digitorum
34. Dünndarm
35. Magen
36. Leber

ABSCHNITT 10 KÄNGURU

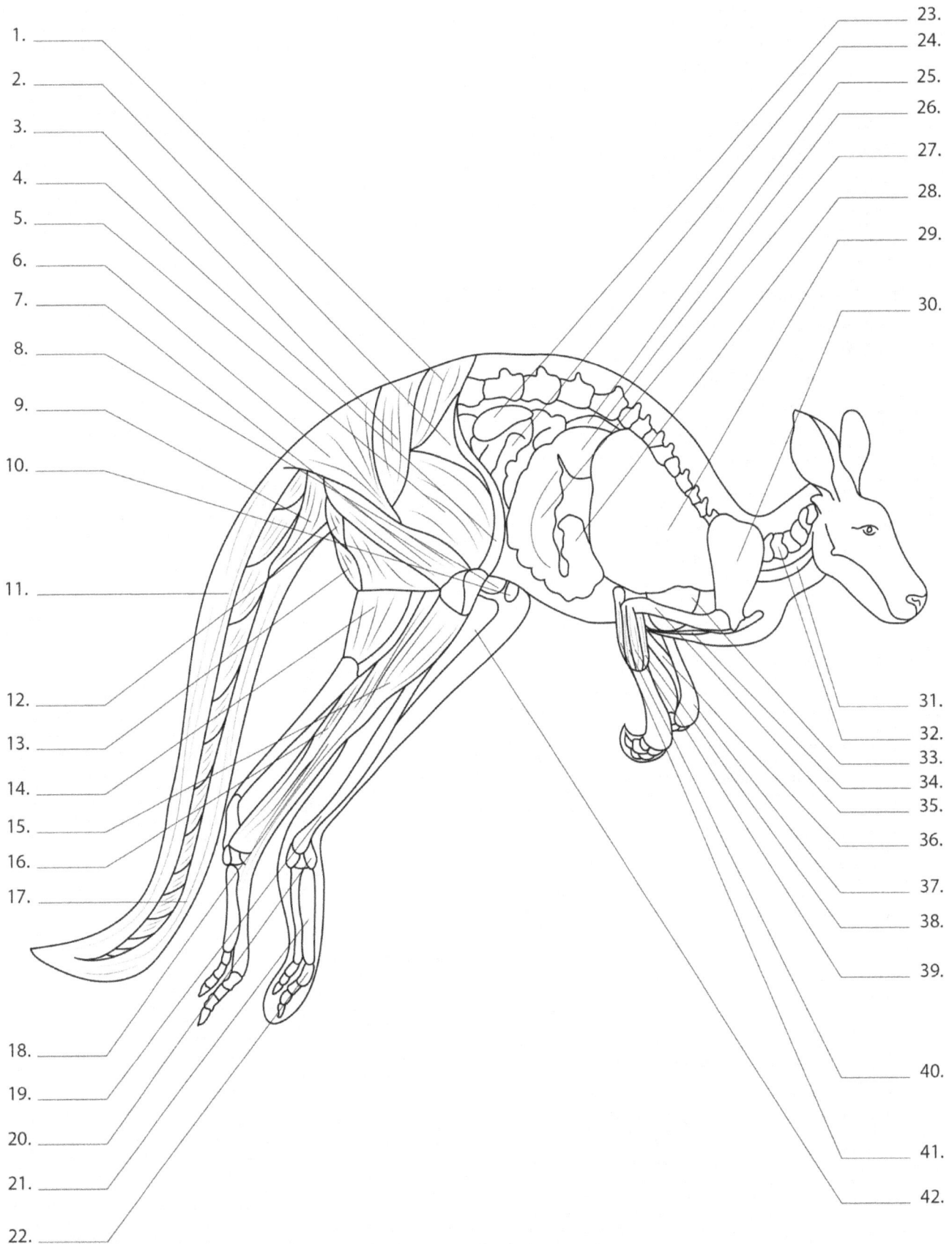

1.

2.

3.

4.

5.

6.

7.

8.

9.

10.

11.

12.

13.

14.

15.

16.

17.

18.

19.

20.

21.

22.

23.

24.

25.

26.

27.

28.

29.

30.

31.

32.

33.

34.

35.

36.

37.

38.

39.

40.

41.

42.

ABSCHNITT 10 KÄNGURU

1. Muskel gluteus medius
2. Tensor fascia lutae
3. Vorderer oberflächlicher Gesäßmuskel
4. Sartorius-Muskel
5. Musculus vastus lateralis
6. Oberflächlicher hinterer Gesäßmuskel
7. Bizeps femoris Muskel
8. Oberschenkelknochen
9. Muskeln Steißbein
10. Patella
11. Muskel Sacrocaudalis dorsalis
12. Muskel semitendinosus
13. Halbmembraner Muskel
14. Muskel Gastroösophageales Oneem
15. Rechter abdominaler Muskel
16. Flexor digitorum profundus Muskel
17. Muskel Sacrocaudalis ventralis
18. Dammmuskel Longus
19. Wadenbein
20. Tarsen
21. Mittelfuß
22. Zehenspitzen
23. Niere
24. Dünndarm
25. Leber
26. Die Hinterhand
27. Der röhrenförmige Vormagen
28. Der sackförmige Magen
29. Lunge
30. Schulterblatt
31. Speiseröhre
32. Halswirbelsäule
33. Herz
34. Sternum
35. Oberarmknochen
36. Ulna
37. Radius
38. Carpi radialis-Muskelexpander
39. Muskelexpander digitorum communis
40. Muskelexpander Digitorum lateralis
41. Carpi ulnaris-Muskel-Expander
42. Schienbein

ABSCHNITT 11 FLEDERMÄUSE

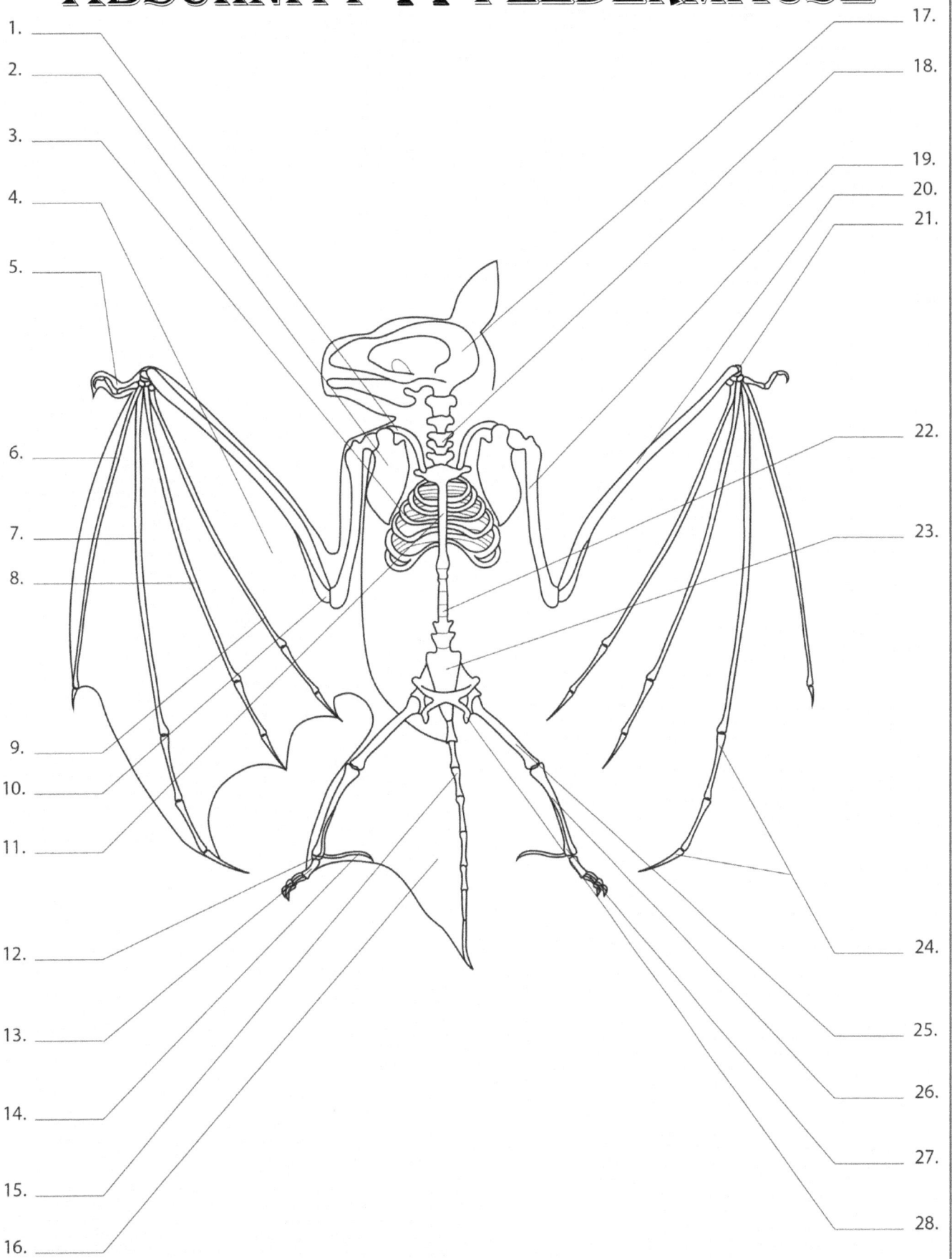

1.

2.

3.

4.

5.

6.

7.

8.

9.

10.

11.

12.

13.

14.

15.

16.

17.

18.

19.

20.

21.

22.

23.

24.

25.

26.

27.

28.

ABSCHNITT 11 FLEDERMÄUSE

1. Clavicula
2. Schulterblatt
3. Rippe
4. Flügelmembrane
5. Inch
6. 2. Finger
7. 3. Finger
8. 4. Finger
9. 5. Finger
10. Ulna
11. Sternum
12. Tarsus
13. Metatarsus
14. Calcar
15. Caudalwirbel
16. Schwanzmembran
17. Schädel
18. Halswirbelsäule
19. Clavicula
20. Oberarmknochen
21. Karpus
22. Lendenwirbel
23. Kreuzbein
24. Zehenspitzen
25. Oberschenkelknochen
26. Schienbein
27. Wadenbein
28. Becken

ABSCHNITT **12** LUPPE

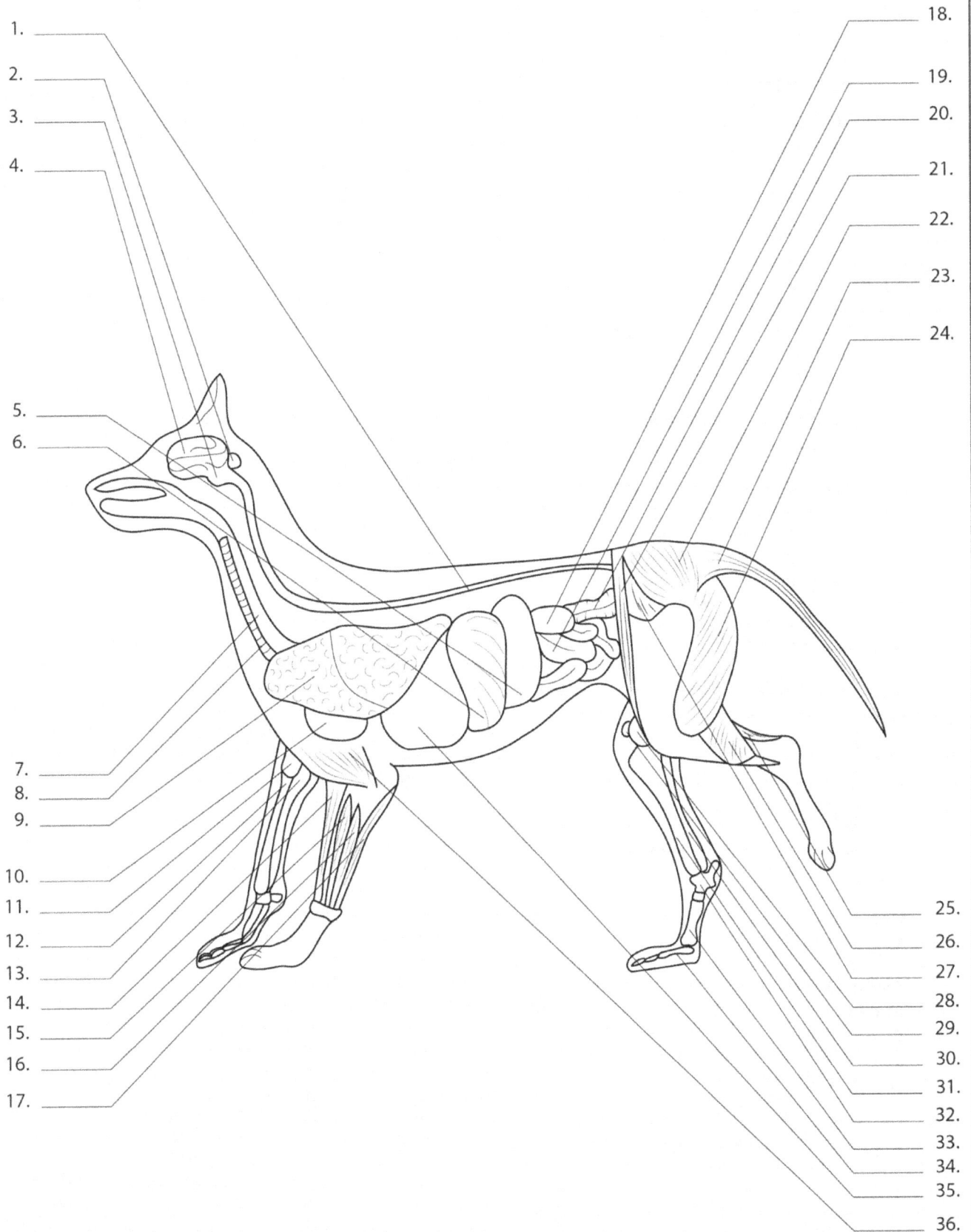

1.

2.

3.

4.

5.

6.

7.

8.

9.

10.

11.

12.

13.

14.

15.

16.

17.

18.

19.

20.

21.

22.

23.

24.

25.

26.

27.

28.

29.

30.

31.

32.

33.

34.

35.

36.

ABSCHNITT 12 LUPPE

1. Rückenmark
2. Cervelet
3. Hirnstamm
4. Zerebrale Hemisphäre
5. Spleen
6. Magen
7. Speiseröhre
8. Luftröhre
9. Lunge
10. Herz
11. Oberarmknochen
12. Radius
13. Ulna
14. Carpi radialis-Muskelexpander
15. Muskelexpander carpi digitorum communis
16. Carpi ulnaris-Muskel-Expander
17. Flexor carpi ulnaris Muskel
18. Niere
19. Dünndarm
20. Doppelpunkt
21. Sartorius-Muskel
22. Muskel gluteus medius
23. Storytelling-Muskelhebel
24. Bizeps femoris Muskel
25. Muskelexpander digitorum longus
26. Musculus peroneus brevis
27. Oberflächlicher Gesäßmuskel
28. Oberschenkelknochen
29. Patella
30. Wadenbein
31. Schienbein
32. Tarsen
33. Mittelfuß
34. Zehenspitzen
35. Leber
36. Muskel Trizeps brachii

ABSCHNITT **13** RENARD

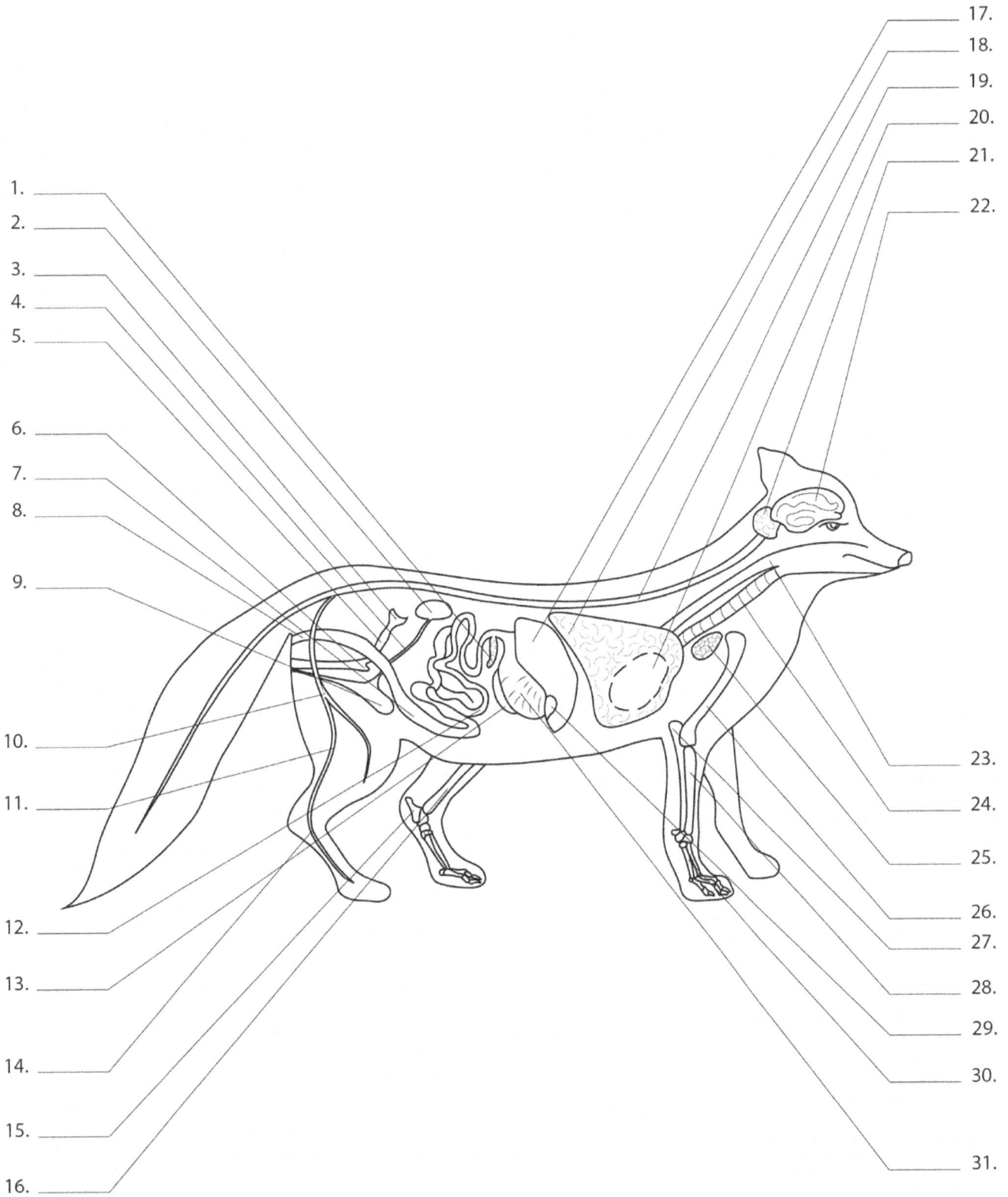

1.

2.

3.

4.

5.

6.

7.

8.

9.

10.

11.

12.

13.

14.

15.

16.

17.

18.

19.

20.

21.

22.

23.

24.

25.

26.

27.

28.

29.

30.

31.

ABSCHNITT 13 RENARD

1. Pankreas-Drüse
2. Niere
3. Eierstock
4. Ureter
5. Ovidukt
6. Gebärmutter
7. Der Dickdarm
8. Rektum
9. Blase
10. Nervus femoralis
11. Ischiasnerv
12. Dünndarm
13. Spleen
14. Schienbeinnerv
15. Schienbein
16. Tarsus
17. Leber
18. Lunge
19. Rückenmark
20. Herz
21. Cervelet
22. Gehirn
23. Speiseröhre
24. Luftröhre
25. Thymus
26. Oberarmknochen
27. Ulna
28. Radius
29. Gallenblase
30. Metatarsus
31. Magen

ABSCHNITT 14 WASCHBÄR

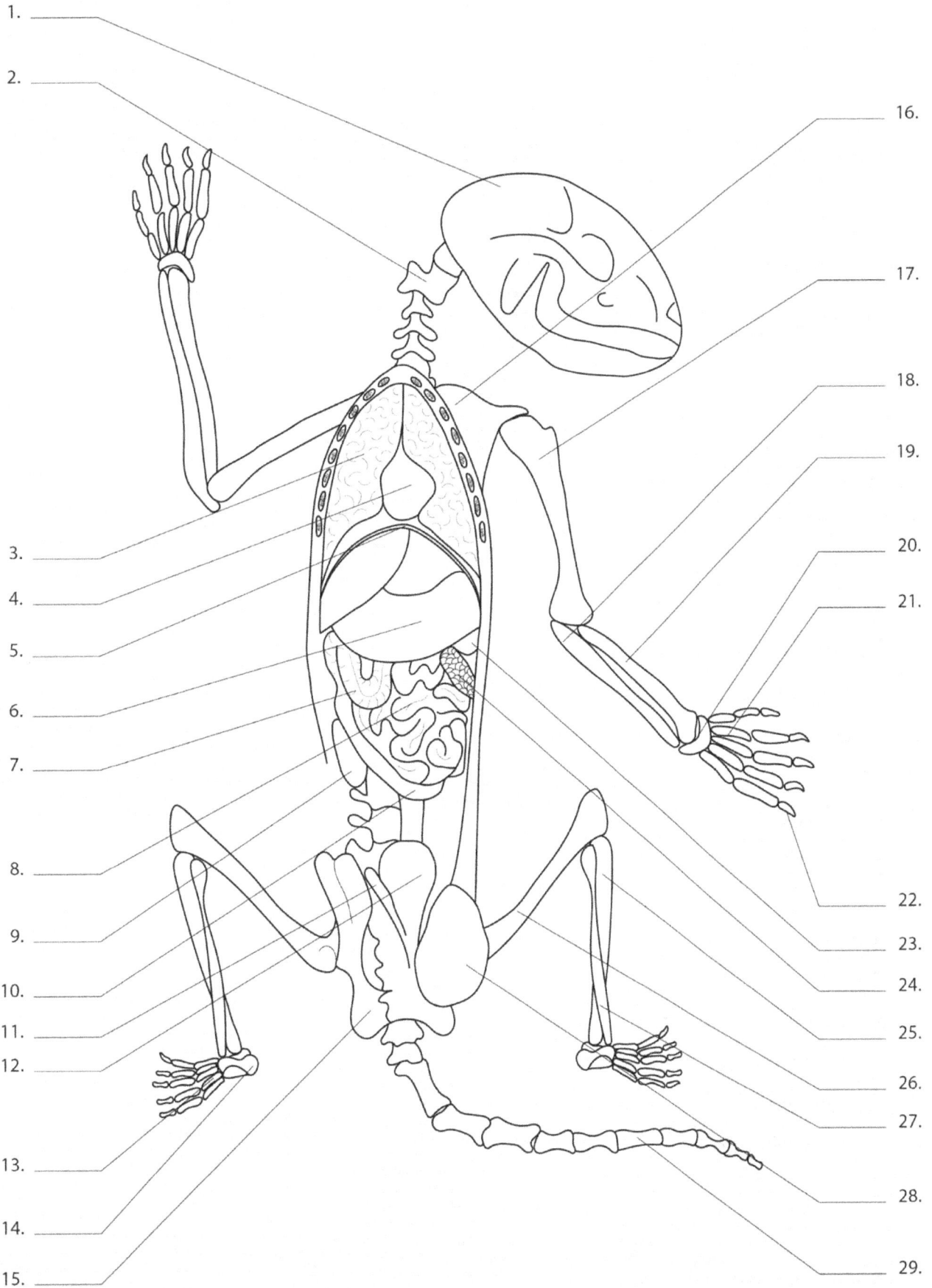

1.

2.

3.

4.

5.

6.

7.

8.

9.

10.

11.

12.

13.

14.

15.

16.

17.

18.

19.

20.

21.

22.

23.

24.

25.

26.

27.

28.

29.

ABSCHNITT 14 WASCHBÄR

1. Schädel
2. Halswirbelsäule
3. Lunge
4. Herz
5. Diaphragma
6. Leber
7. Der Dickdarm
8. Dünndarm
9. Niere
10. Anhang
11. Samenblase
12. Blase
13. Mittelfuß
14. Tarsen
15. Becken
16. Schulterblatt
17. Oberarmknochen
18. Ulna
19. Radius
20. Karpfen
21. Mittelhandknochen
22. Zehenspitzen
23. Magen
24. Spleen
25. Schienbein
26. Oberschenkelknochen
27. Wadenbein
28. Hoden Nebenhoden
29. Cauda

ABSCHNITT 15 IGEL

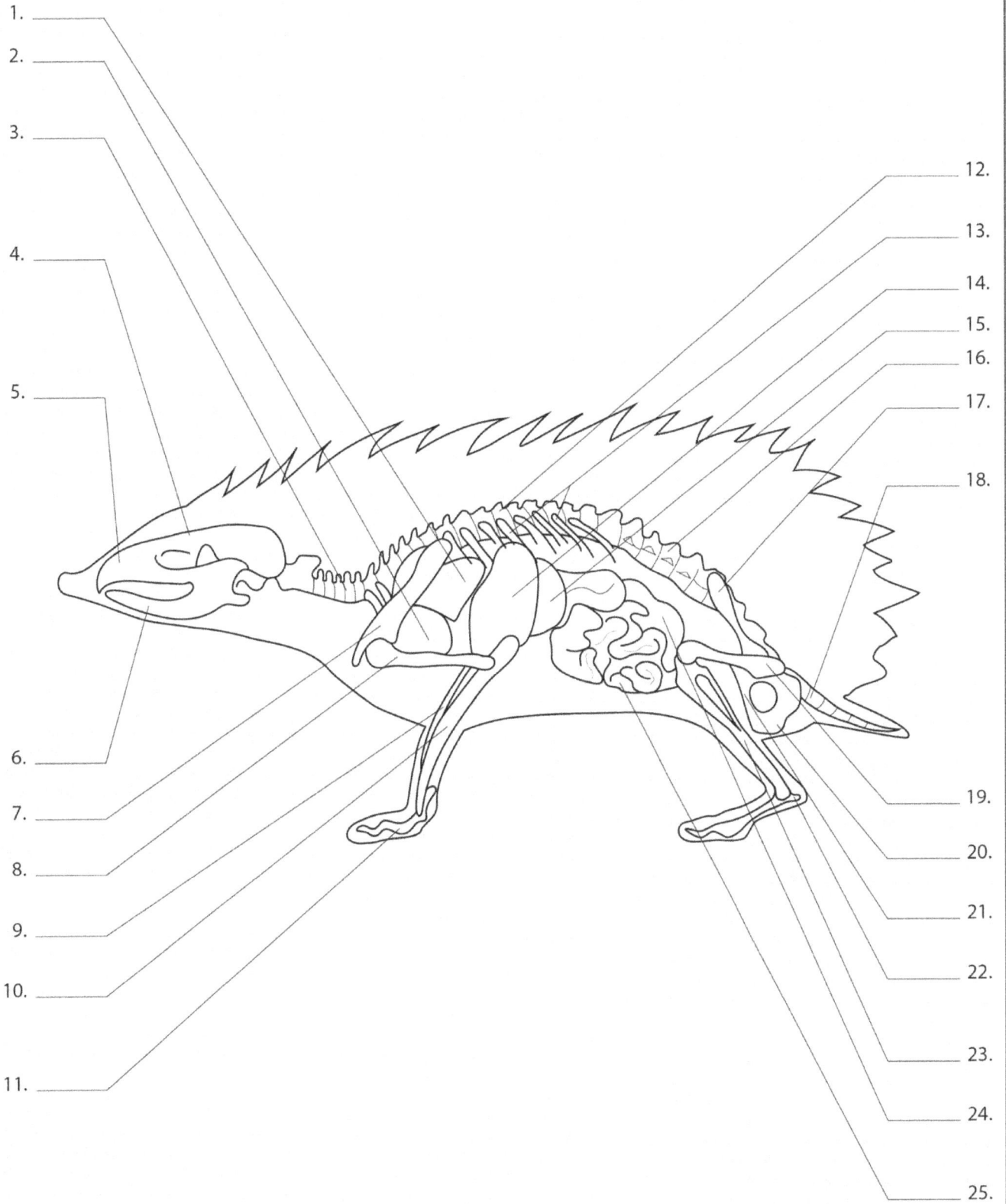

1.

2.

3.

4.

5.

6.

7.

8.

9.

10.

11.

12.

13.

14.

15.

16.

17.

18.

19.

20.

21.

22.

23.

24.

25.

ABSCHNITT 15 IGEL

1. Lunge
2. Herz
3. Halswirbelsäule
4. Schädel
5. Oberkiefer
6. Unterkiefer
7. Schulterblatt
8. Oberarmknochen
9. Radius
10. Ulna
11. Zehenspitzen
12. Brustwirbelsäule
13. Küsten
14. Leber
15. Magen
16. Lendenwirbel
17. Kreuzbein
18. Caudalwirbel
19. Oberschenkelknochen
20. Ischium
21. Pubis
22. Calcaneus
23. Schienbein
24. Der Dickdarm
25. Dünndarm

ABSCHNITT 16 ELCH

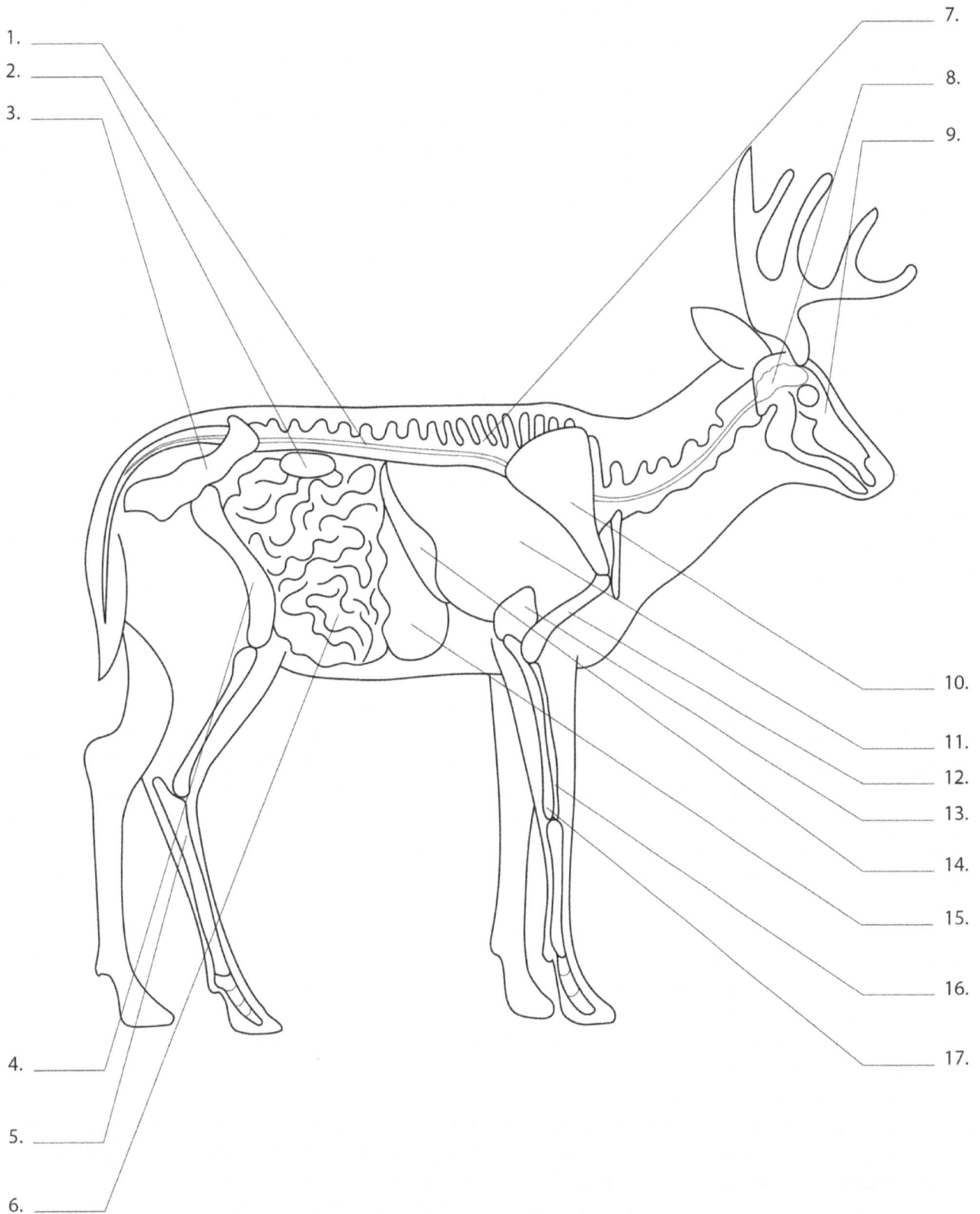

1.
2.
3.
4.
5.
6.

7.
8.
9.
10.
11.
12.
13.
14.
15.
16.
17.

ABSCHNITT 16 ELCH

1. Rückenmark
2. Nieren
3. Becken
4. Oberschenkelknochen
5. Schienbein
6. Intestine
7. Wirbel
8. Gehirn
9. Schädel
10. Schulterblatt
11. Lunge
12. Oberarmknochen
13. Herz
14. Leber
15. Magen
16. Radius
17. Ulna

ABSCHNITT 17 FAULENZEN

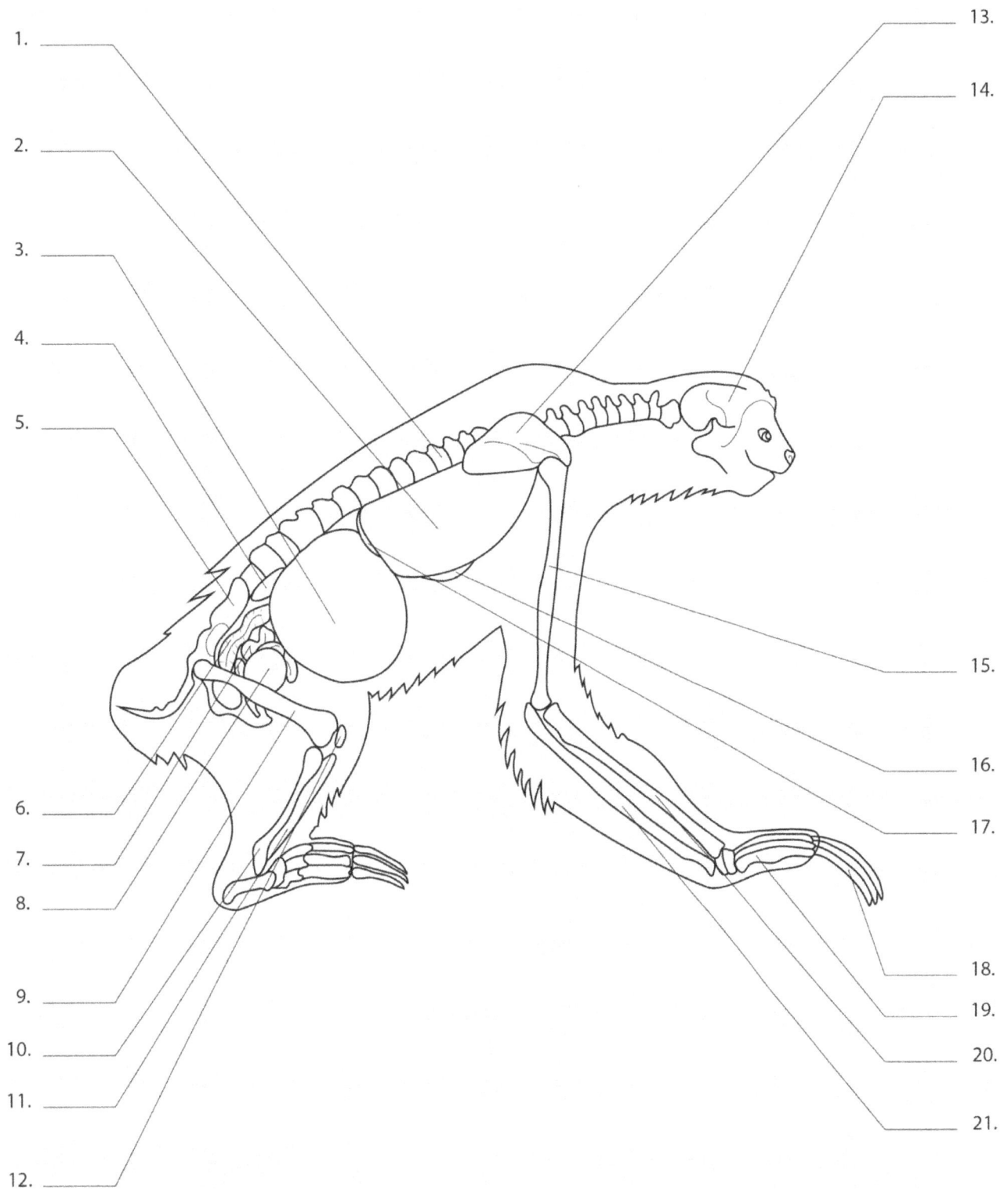

1.

2.

3.

4.

5.

6.

7.

8.

9.

10.

11.

12.

13.

14.

15.

16.

17.

18.

19.

20.

21.

ABSCHNITT 17 FAULENZEN

1. Wirbelsäule

2. Lunge

3. Magen

4. Niere

5. Kreuzbein

6. Doppelpunkt

7. Dünndarm

8. Blase

9. Oberschenkelknochen

10. Wadenbein

11. Schienbein

12. Patella

13. Schulterblatt

14. Schädel

15. Oberarmknochen

16. Herz

17. Leber

18. Zehen

19. Karpal

20. Ulna

21. Radius

ABSCHNITT 18 BISON

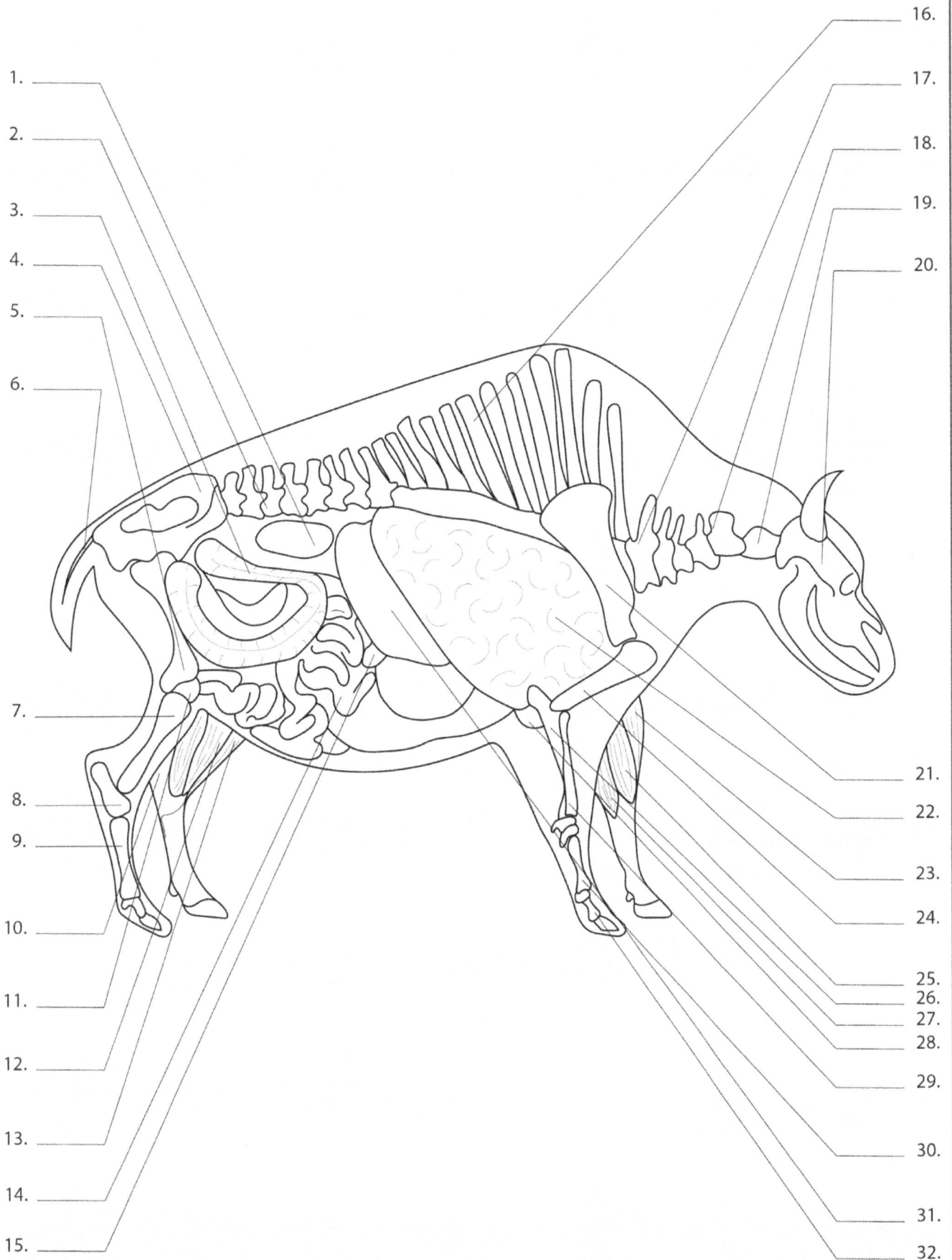

1.

2.

3.

4.

5.

6.

7.

8.

9.

10.

11.

12.

13.

14.

15.

16.

17.

18.

19.

20.

21.

22.

23.

24.

25.

26.

27.

28.

29.

30.

31.

32.

ABSCHNITT 18 BISON

1. Niere
2. Lendenwirbel
3. Der Dickdarm
4. Kreuzbein
5. Oberschenkelknochen
6. Caudal
7. Schienbein
8. Tarsen
9. Mittelfußknochen
10. Achillessehne
11. Patella
12. Muskelexpander digitorum longus
13. Muskuläre Fibula
14. Dünndarm
15. Gallenblase
16. Brustwirbelsäule
17. Halswirbelsäule
18. Achse
19. Atlas
20. Schädel
21. Schulterblatt
22. Lunge
23. Brachioradialis-Muskel
24. Oberarmknochen
25. Carpi radialis-Muskelexpander
26. Ulna
27. Flexor carpi ulnaris Muskel
28. Herz
29. Radius
30. Mittelhandknochen
31. Leber
32. Zehenspitzen

ABSCHNITT 19 BIBER

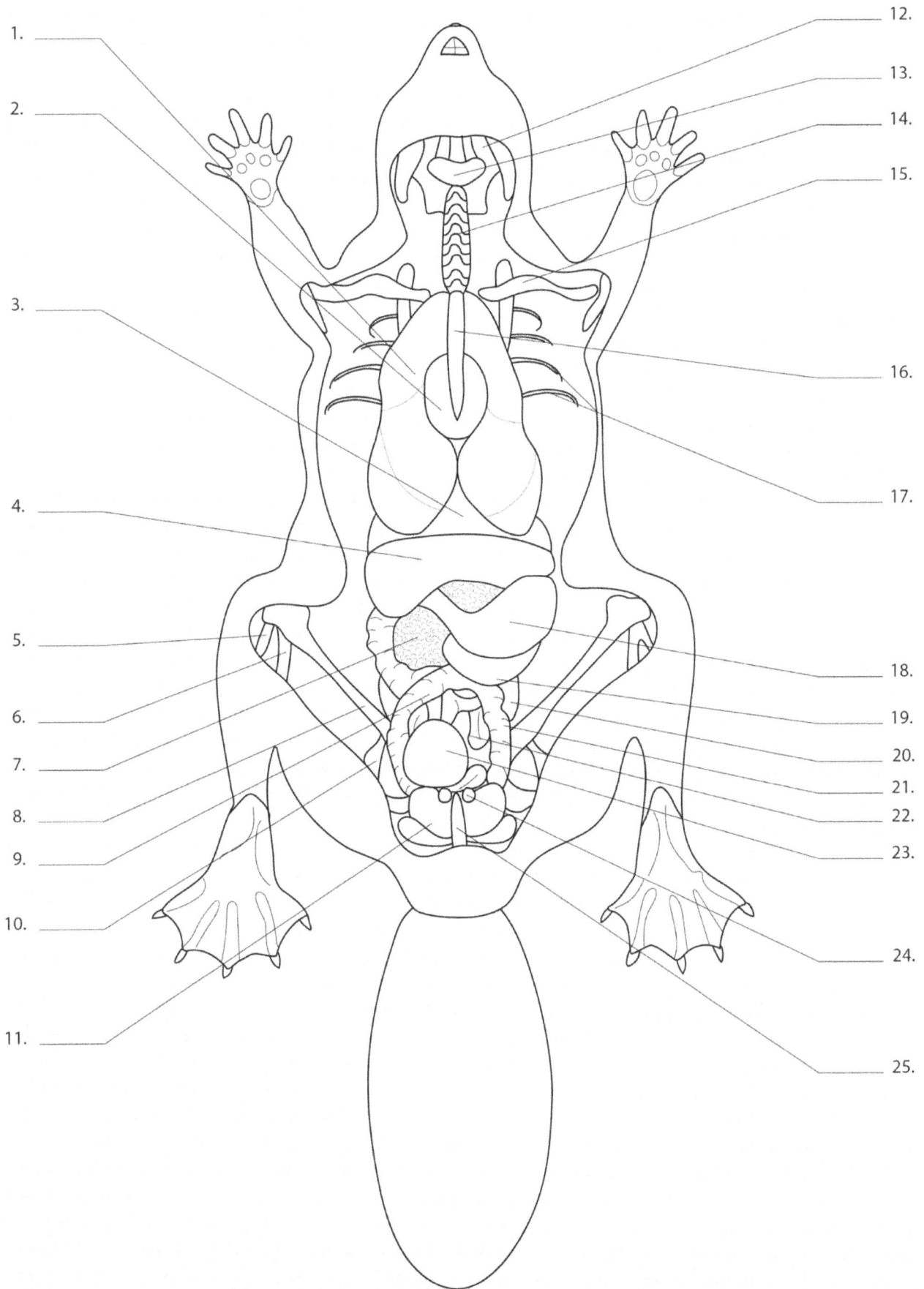

1.

2.

3.

4.

5.

6.

7.

8.

9.

10.

11.

12.

13.

14.

15.

16.

17.

18.

19.

20.

21.

22.

23.

24.

25.

ABSCHNITT 19 BIBER

1. Lunge
2. Herz
3. Diaphragma
4. Leber
5. Schienbein
6. Wadenbein
7. Bauchspeicheldrüse
8. Oberschenkelknochen
9. Aufsteigender Dickdarm
10. Becken
11. Die Analdrüsen
12. Schädel
13. Gehirn
14. Wirbel
15. Schulterblatt
16. Sternum
17. Küsten
18. Magen
19. Spleen
20. Niere
21. Absteigender Dickdarm
22. Dünndarm
23. Blase
24. Hoden
25. Penis

ABSCHNITT 20 OTTER

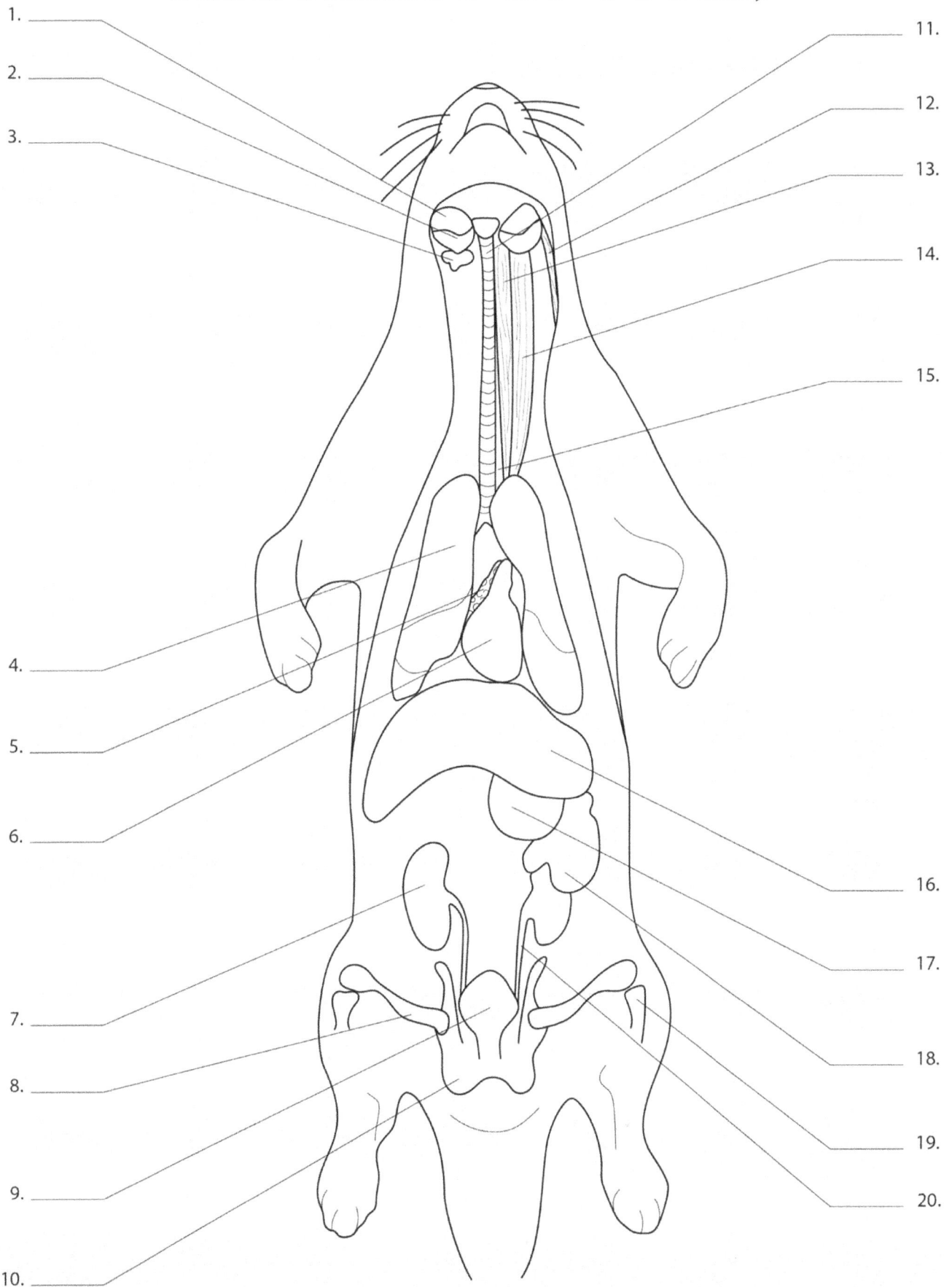

1.

2.

3.

4.

5.

6.

7.

8.

9.

10.

11.

12.

13.

14.

15.

16.

17.

18.

19.

20.

ABSCHNITT 20 OTTER

1. Sublinguale Speicheldrüse

2. Unterkieferspeicheldrüse

3. Mediale retropharyngeale Lymphe

4. Lunge

5. Thymus

6. Herz

7. Niere

8. Oberschenkelknochen

9. Blase

10. Ischium

11. Luftröhre

12. Sternocephalicus-Muskel

13. Sternohyoideus-Muskel

14. Muskulärer Sternothyroidus

15. Speiseröhre

16. Leber

17. Magen

18. Spleen

19. Schienbein

20. Ureter

ABSCHNITT 21 BALINE

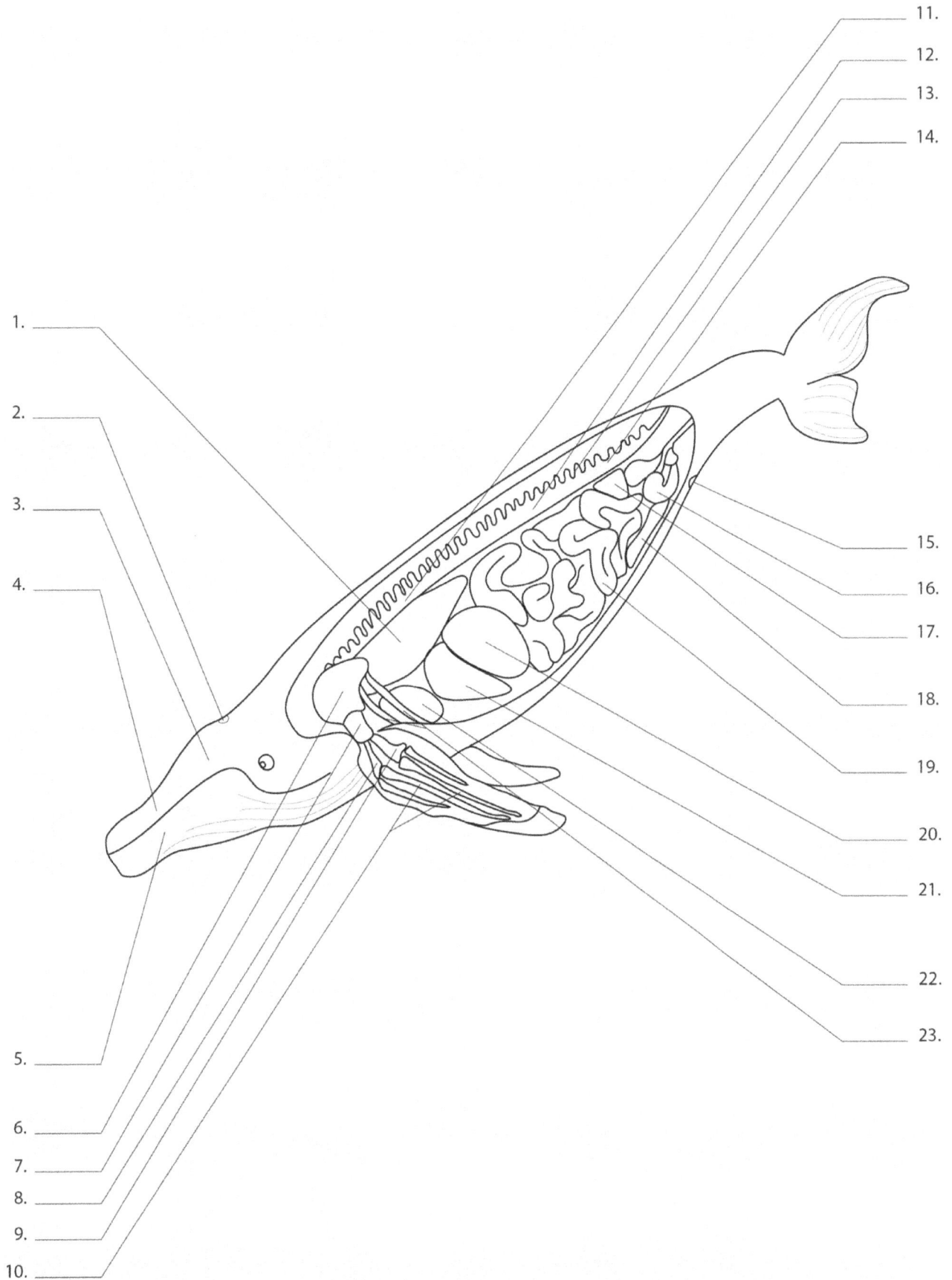

1.

2.

3.

4.

5.

6.

7.

8.

9.

10.

11.

12.

13.

14.

15.

16.

17.

18.

19.

20.

21.

22.

23.

ABSCHNITT 21 BALINE

1. Lunge
2. Lunkerloch
3. Schädel
4. Rostrum
5. Unterkiefer
6. Schulterblatt
7. Oberarmknochen
8. Radius
9. Ulna
10. Zehenspitzen
11. Brustwirbelsäule
12. Lendenwirbel
13. Spleißvorgang
14. Caudalwirbel
15. Anus
16. Das Reproduktionssystem
17. Niere
18. Blase
19. Der Dickdarm
20. Magen
21. Leber
22. Herz
23. Küsten

ABSCHNITT 22 HYÄNE

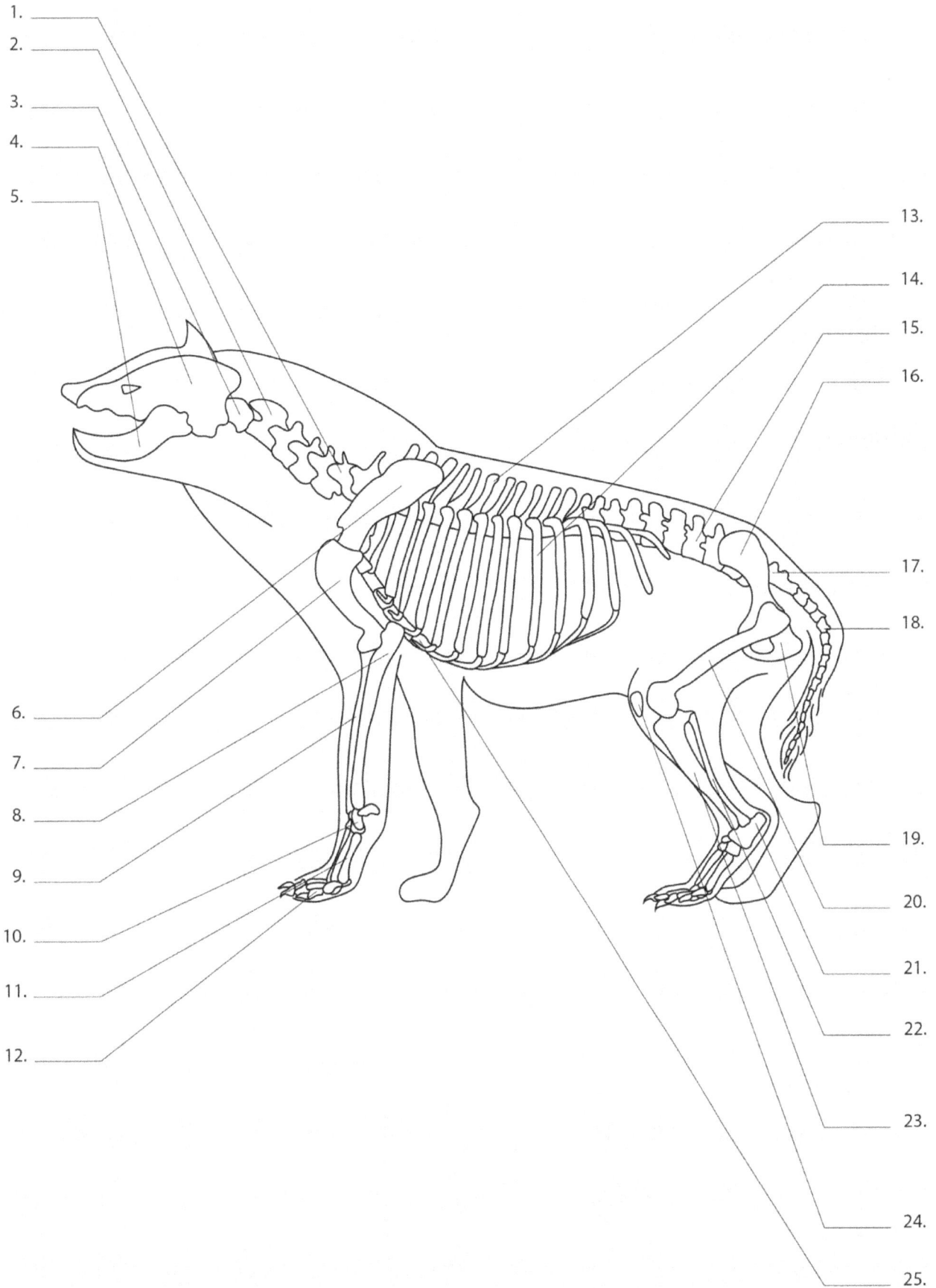

1.

2.

3.

4.

5.

6.

7.

8.

9.

10.

11.

12.

13.

14.

15.

16.

17.

18.

19.

20.

21.

22.

23.

24.

25.

ABSCHNITT 22 HYÄNE

1. Halswirbelsäule
2. Achse
3. Atlas
4. Schädel
5. Unterkiefer
6. Schulterblatt
7. Oberarmknochen
8. Ulna
9. Radius
10. Karpfen
11. Mittelhandknochen
12. Zehenspitzen
13. Brustwirbelsäule
14. Küsten
15. Lendenwirbel
16. Ilium
17. Kreuzbein
18. Caudalwirbel
19. Ischium
20. Oberschenkelknochen
21. Tarsus
22. Wadenbein
23. Schienbein
24. Patella
25. Sternum

ABSCHNITT 23 AMEISENFRESSER

1.

2.

3.

4.

5.

6.

7.

8.

9.

10.

11.

12.

13.

14.

15.

16.

17.

18.

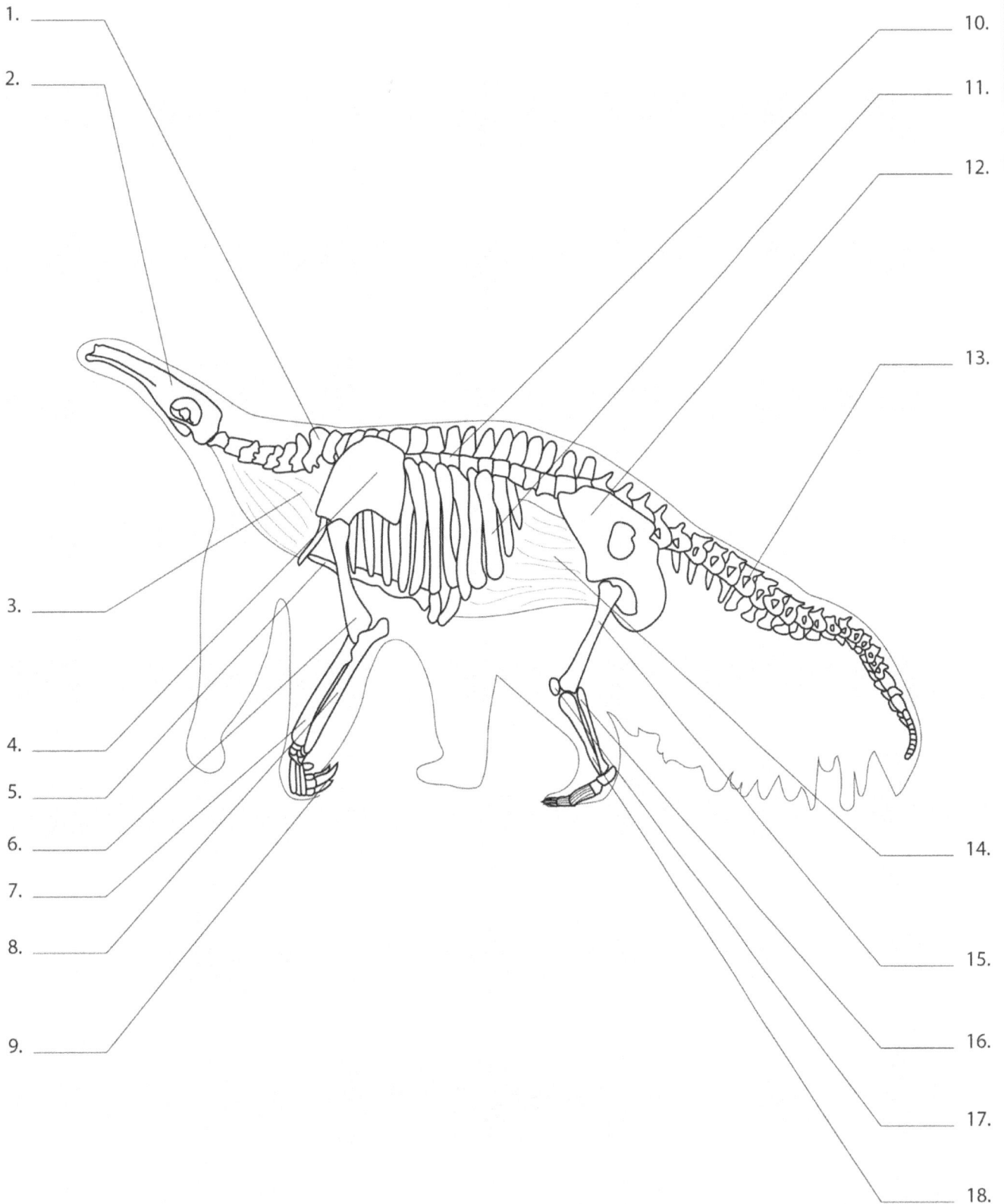

ABSCHNITT 23 AMEISENFRESSER

1. Halswirbelsäule
2. Schädel
3. Trapezmuskel
4. Schulterblatt
5. Sternum
6. Oberarmknochen
7. Radius
8. Ulna
9. Finger-Kralle
10. Brustwirbelsäule
11. Küsten
12. Becken
13. Caudalwirbel
14. Schräger Außenmuskel
15. Oberschenkelknochen
16. Wadenbein
17. Patella
18. Schienbein

ABSCHNITT 24 EIDECHSE

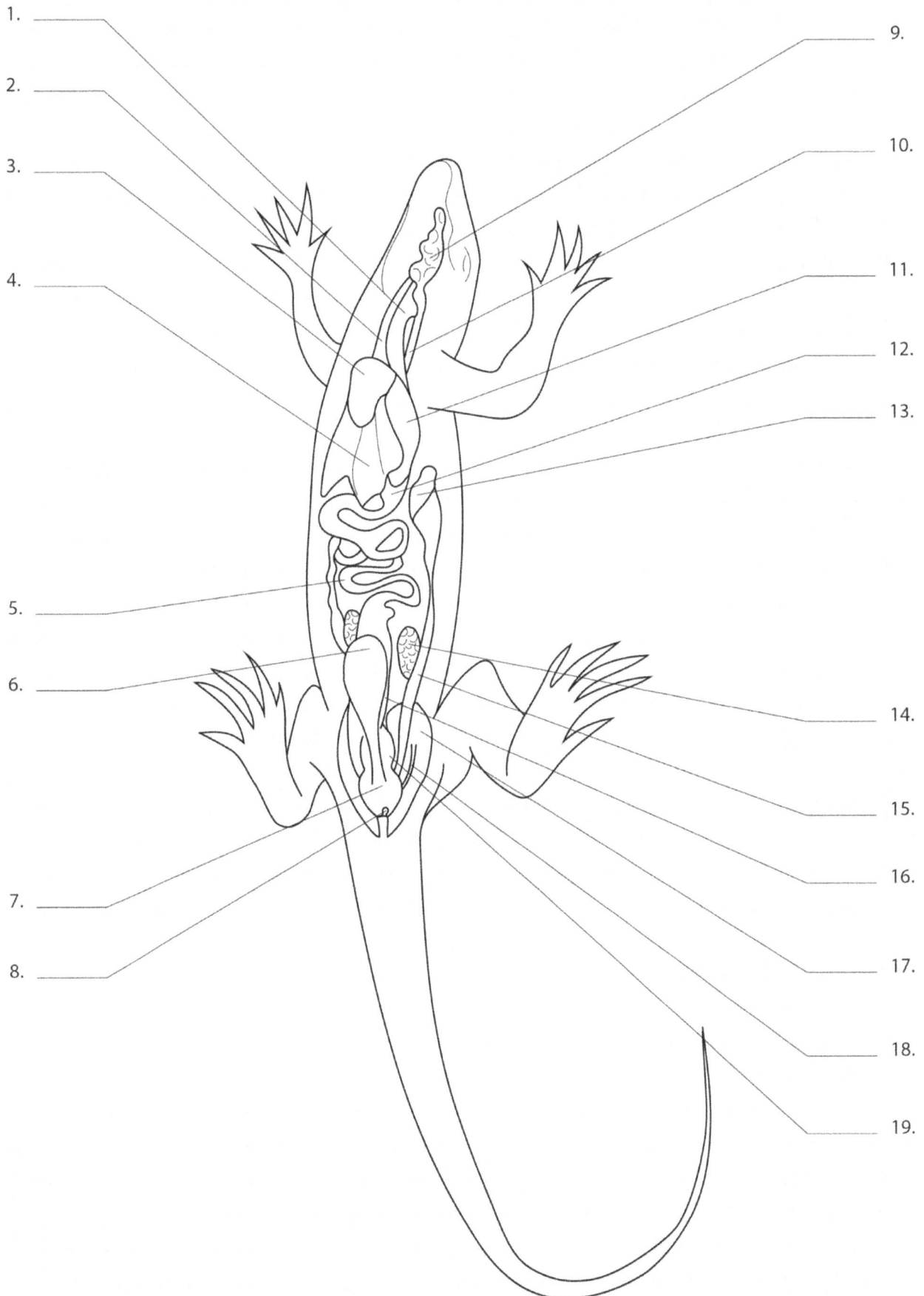

1.

2.

3.

4.

5.

6.

7.

8.

9.

10.

11.

12.

13.

14.

15.

16.

17.

18.

19.

ABSCHNITT 24 EIDECHSE

1. Speiseröhre

2. Luftröhre

3. Herz

4. Leber

5. Dünndarm

6. Blase

7. Hintere Kammer der Kloake

8. Öffnung des Kloakens

9. Gehirn

10. Rückenmark

11. Lunge

12. Magen

13. Trichter

14. Eierstock

15. Ovidukt

16. Rektum

17. Niere

18. Ureter

19. Vordere Kammer der Kloake

ABSCHNITT 25 EULE

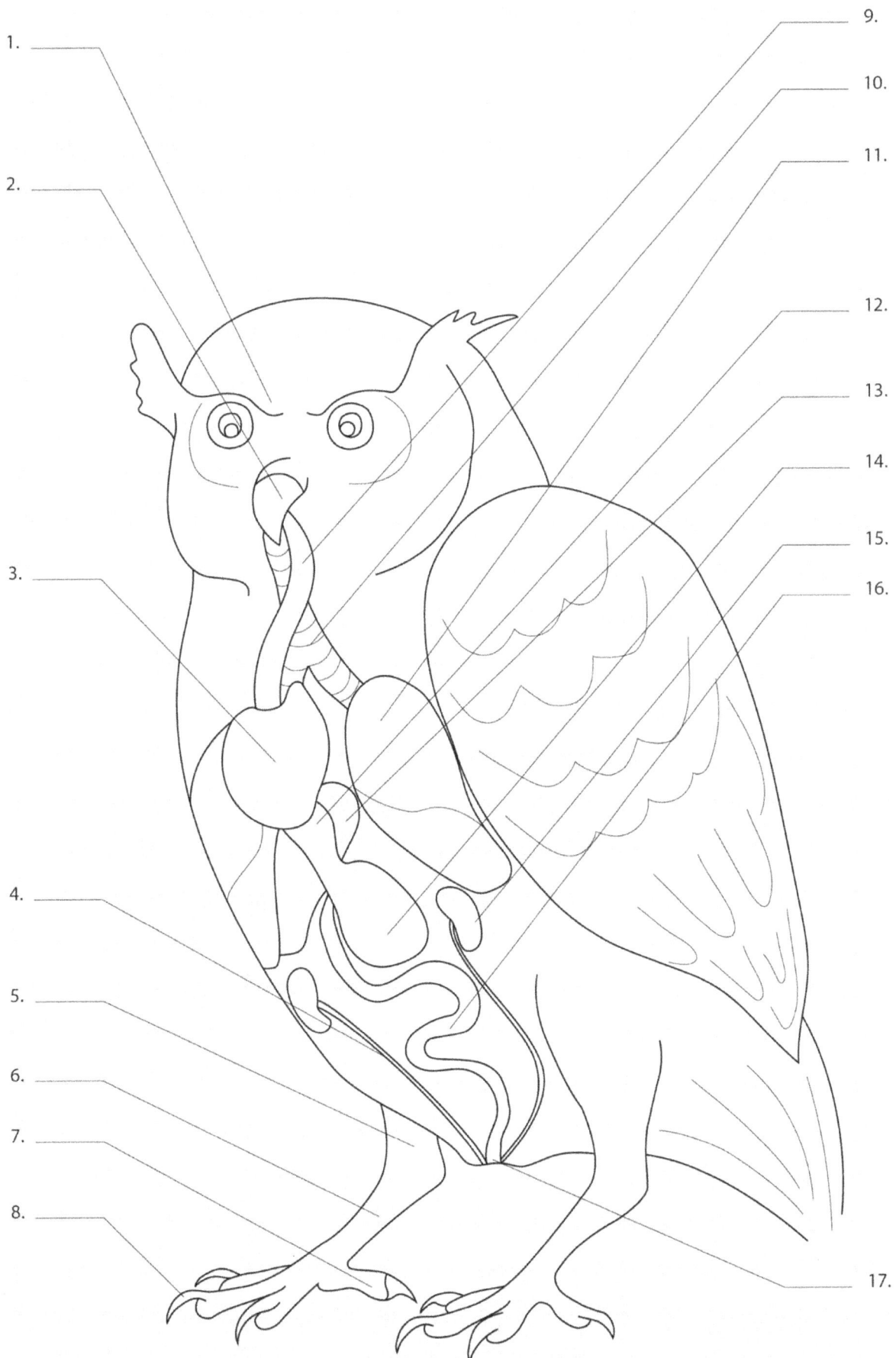

1.

2.

3.

4.

5.

6.

7.

8.

9.

10.

11.

12.

13.

14.

15.

16.

17.

ABSCHNITT 25 EULE

1. Augenbraue oder Supercilium

2. Rechnung

3. Herz

4. Ureter

5. Schienbein

6. Tarsus

7. Zehen

8. Klaue

9. Speiseröhre

10. Luftröhre

11. Lunge

12. Präventriculus

13. Leber

14. Gésier

15. Niere

16. Därme

17. Wind

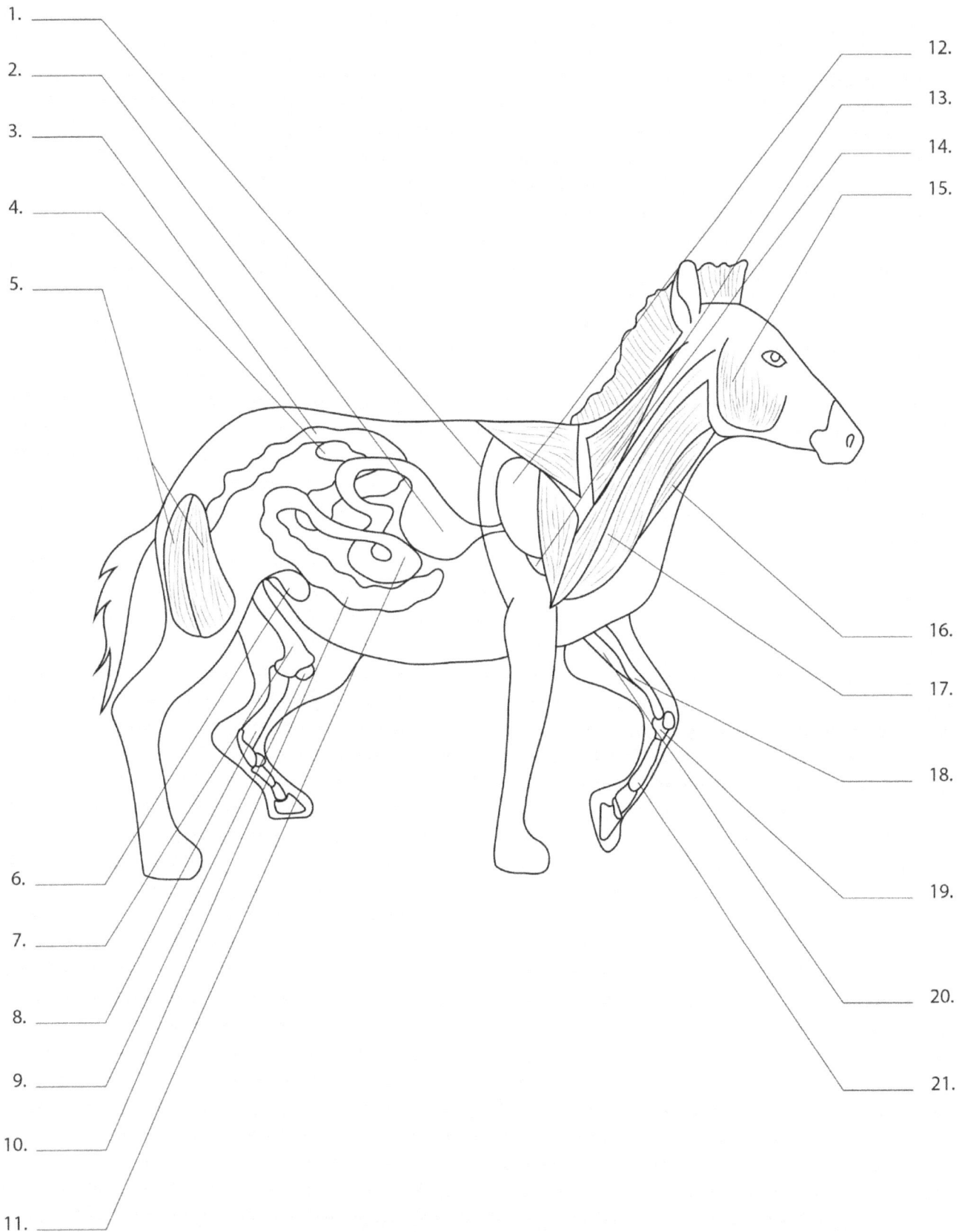

1.

2.

3.

4.

5.

6.

7.

8.

9.

10.

11.

12.

13.

14.

15.

16.

17.

18.

19.

20.

21.

ABSCHNITT 26 ZEBRA

1. Diaphragma

2. Magen

3. Doppelpunkt

4. Niere

5. Bizeps brachialer Muskel

6. Blase

7. Oberschenkelknochen

8. Schienbein

9. Patella

10. Cecum

11. Dünndarm

12. Lunge

13. Herz

14. Zervikale Muskulatur Rhomboid

15. Massagegerät für Muskeln

16. Sternocephalicus-Muskel

17. Brachiocephaler Muskel

18. Radius

19. Karpus

20. Ulna

21. Kanonenknochen

ABSCHNITT 27 PFERD

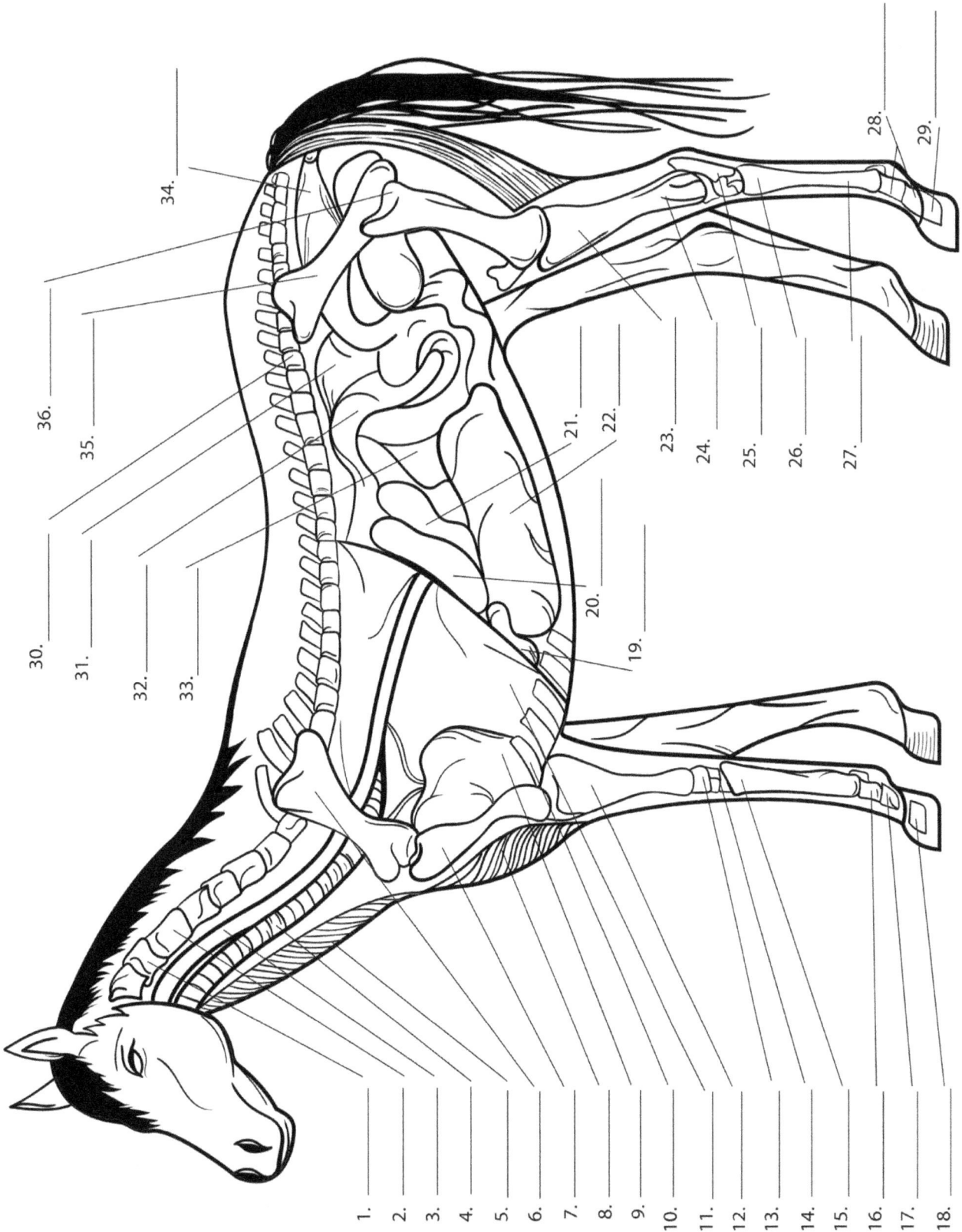

1.
2.
3.
4.
5.
6.
7.
8.
9.
10.
11.
12.
13.
14.
15.
16.
17.
18.

19.
20.
21.
22.
23.
24.
25.
26.
27.
28.
29.

30.
31.
32.
33.
34.
35.
36.

ABSCHNITT 27 PFERD

1. Atlas
2. Achse
3. Speiseröhre
4. Luftröhre
5. Sternocephaligus-Muskel
6. Schulterblatt
7. Oberarmknochen
8. Kranial Oberflächlicher Muskel
9. Herz
10. Ulna
11. Lunge
12. Radius
13. Knie
14. Karpalknochen
15. Canon
16. Langer Knochen am Fesselgelenk
17. Kurzer Knochen am Fesselgelenk
18. Tretlager-Knochen
19. Leber
20. Spleen
21. Niere
22. Der Dickdarm
23. Schienbein
24. Wadenbein
25. Fußwurzelknochen
26. Knochensplint
27. Kanonenknochen
28. Fiederknochen
29. Pedalknochen
30. Wirbel
31. Cecum
32. Dünndarm
33. Magen
34. Rektum
35. Becken
36. Oberschenkelknochen

ABSCHNITT 28 FISCH

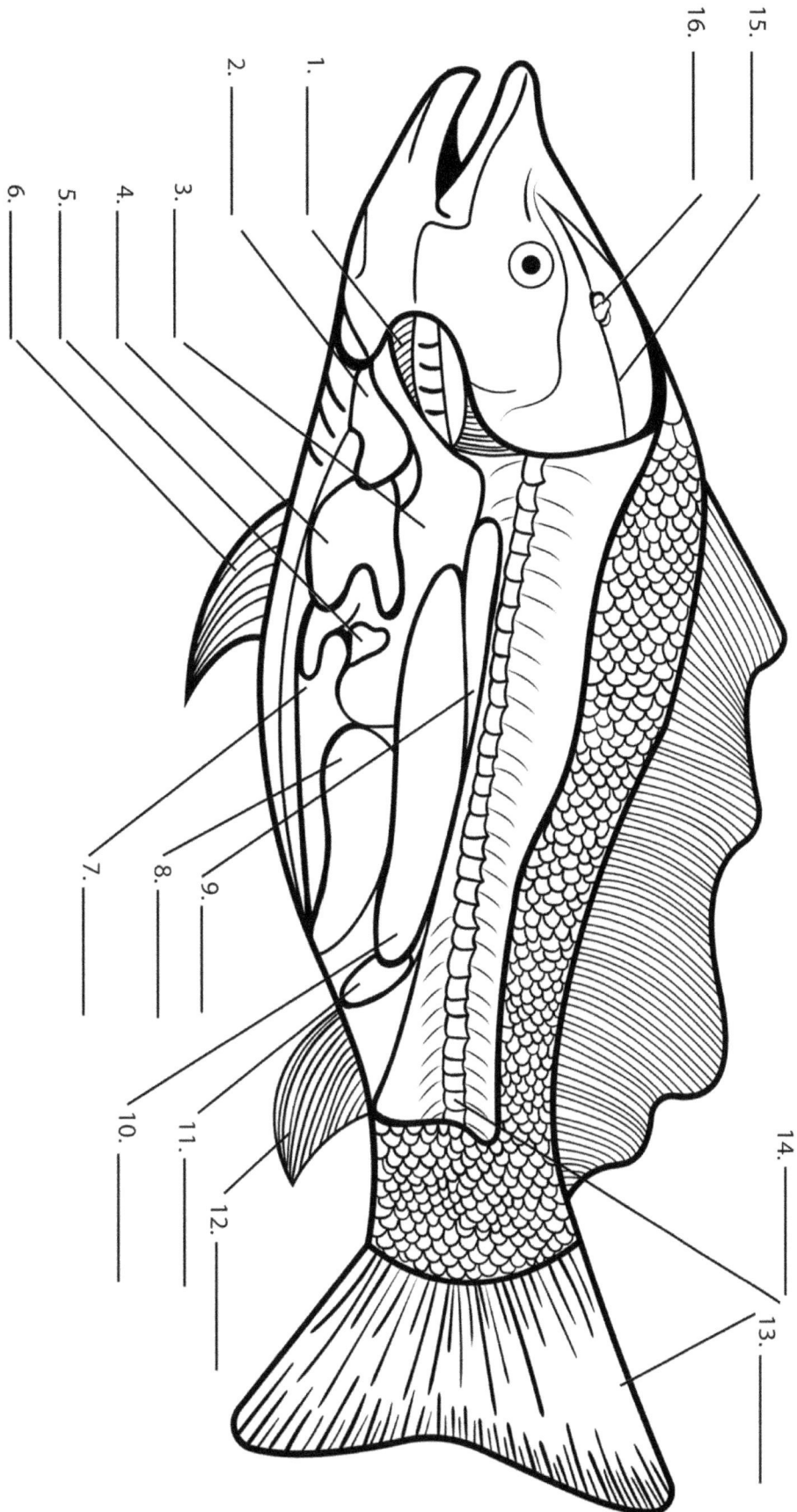

1.
2.
3.
4.
5.
6.
7.
8.
9.
10.
11.
12.
13.
14.
15.
16.

ABSCHNITT 28 FISCH

1. Gill
2. Herz
3. Magen
4. Leber
5. Spleen
6. Beckenflosse
7. Intestine
8. Keimdrüse
9. Niere
10. Schwimmblase
11. Blase
12. Analflosse
13. Schwanzflosse
14. Wirbelsäule
15. Rückenmark
16. Gehirn

ABSCHNITT 29 PORC

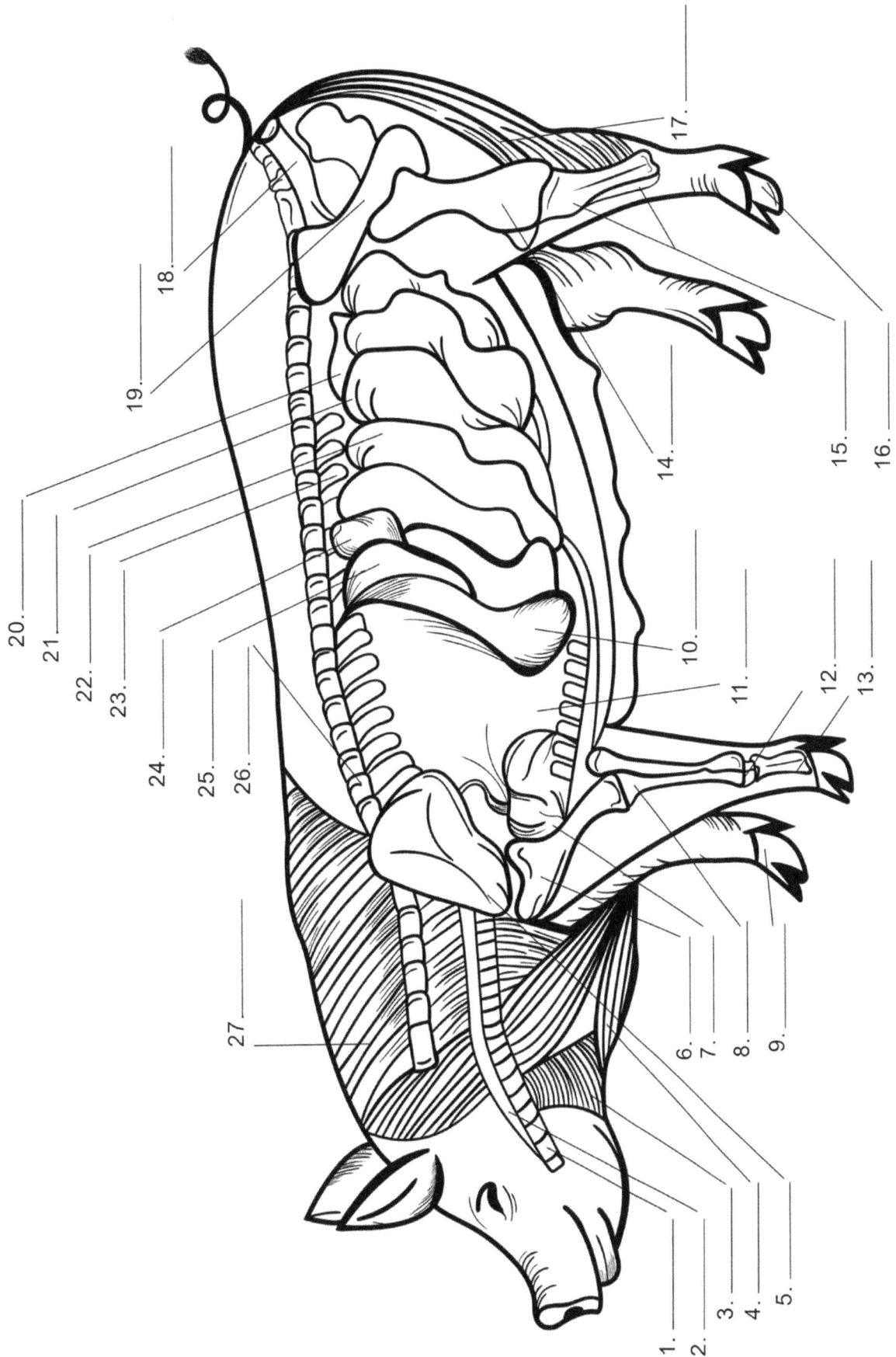

1.
2.
3.
4.
5.
6.
7.
8.
9.
10.
11.
12.
13.
14.
15.
16.
17.
18.
19.
20.
21.
22.
23.
24.
25.
26.
27.

ABSCHNITT 29 PORC

1. Speiseröhre
2. Luftröhre
3. Massagegerät für Muskeln
4. Sternohyoider Muskel
5. Schulterblatt
6. Oberarmknochen
7. Herz
8. Radius & Ulna
9. Zehenspitzen
10. Leber
11. Lunge
12. Karpus
13. Mittelhandknochen
14. Wadenbein und Schienbein
15. Tarsus
16. Zehenspitzen
17. Bizeps femoris Muskel
18. Rektum
19. Oberschenkelknochen
20. Cecum
21. Der Dickdarm
22. Dünndarm
23. Küsten
24. Spleen
25. Niere
26. Wirbel
27. Trapezmuskel

ABSCHNITT 30 HUHN

1. _____

2. _____

3. _____

4. _____

5. _____

6. _____

7. _____

8. _____

9. _____

10. _____

11. _____

12. _____

25. _____

24. _____

23. _____

22. _____

21. _____

20. _____

19. _____

18. _____

17. _____

16. _____

15. _____

14. _____

13. _____

ABSCHNITT 30 HUHN

1. Narine
2. Larnyx
3. Luftröhre
4. Speiseröhre
5. Kultur
6. Herz
7. Gallenblase
8. Proventriculus
9. Bewerten Sie
10. Leber
11. Gésier
12. Klaue
13. Bauchspeicheldrüse
14. Die Doppelschleife
15. Dünndarm
16. Caeca
17. Der Dickdarm
18. Cloaca
19. Ovidukt
20. Eierstock
21. Niere
22. Lunge
23. Bronchialtuben
24. Wirbelsäule
25. Gehirn

ABSCHNITT 31 VACHE

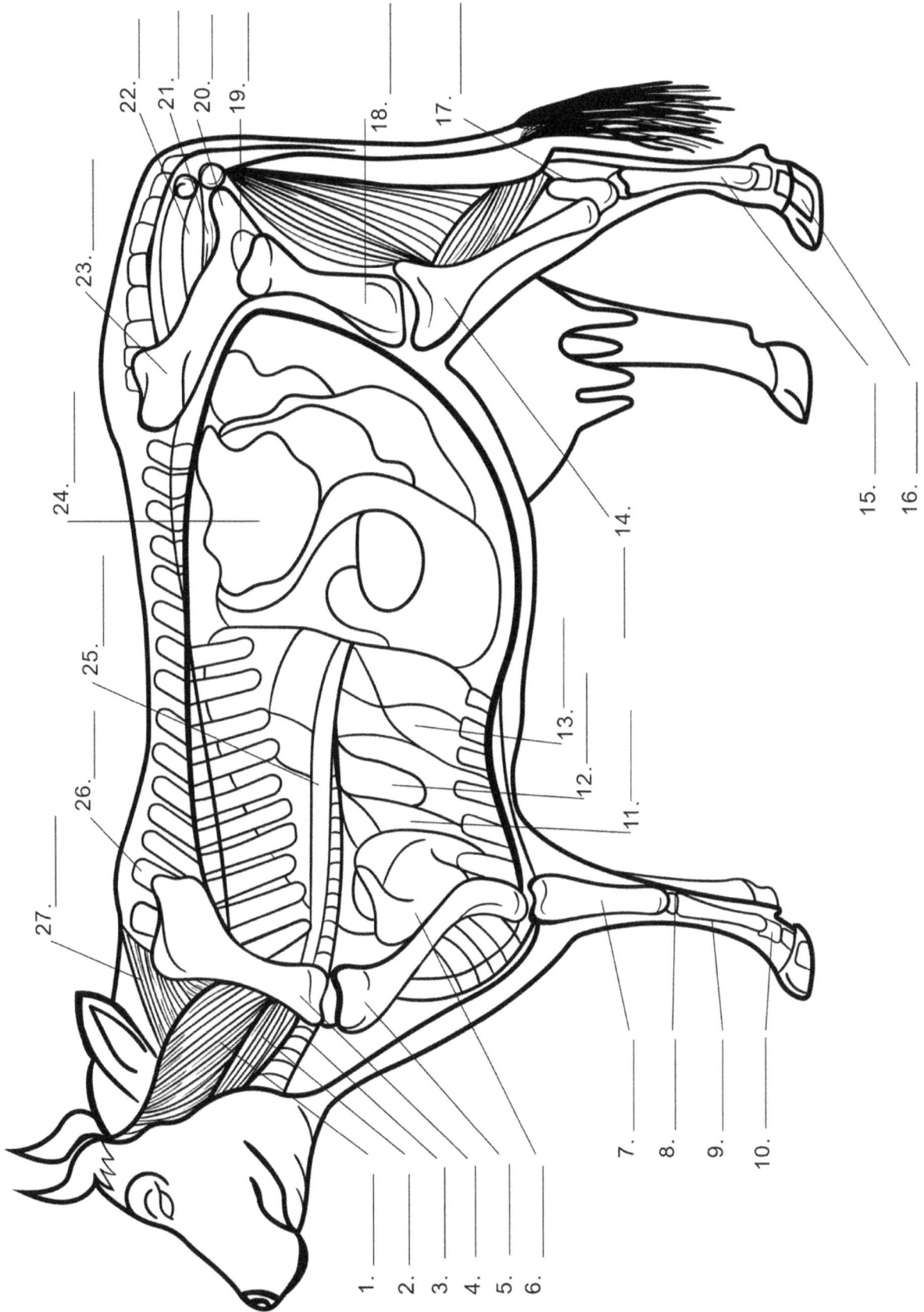

ABSCHNITT 31 VACHE

1. Brachiocephaler Muskel
2. Sternocephaler Muskel
3. Luftröhre
4. Schulterblatt
5. Oberarmknochen
6. Herz
7. Radius & Ulna
8. Karpalgelenk
9. Mittelhandknochen
10. Gelenk Pastern
11. Leber
12. Bewerten Sie
13. Omasum
14. Schienbein und Wadenbein
15. Metatarsus
16. Sargdichtung
17. Fußwurzelgelenk
18. Oberschenkelknochen
19. Hüftgelenk
20. Ischium
21. Vagina
22. Rektum
23. Illium
24. Pansen
25. Speiseröhre
26. Küsten
27. Trapez

ABSCHNITT 32 MEERESSCHILDKRÖTE

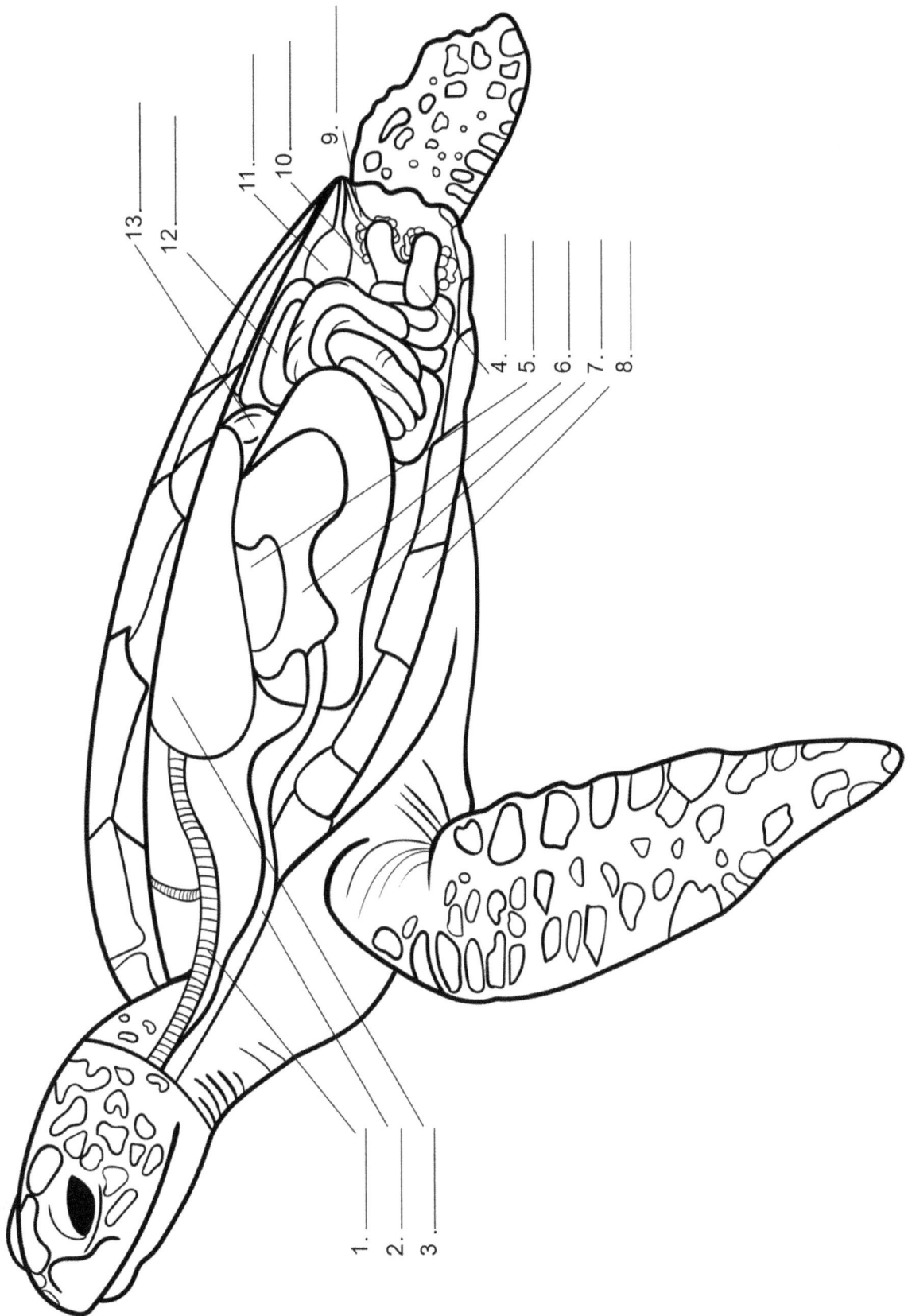

ABSCHNITT 32 MEERESSCHILDKRÖTE

1. Luftröhre
2. Speiseröhre
3. Lunge
4. Niere
5. Herz
6. Magen
7. Leber
8. Eine Randschale
9. Oviducte
10. Eierstock
11. Kloake
12. Därme
13. Bauchspeicheldrüse

ABSCHNITT 33 HAIFISCH

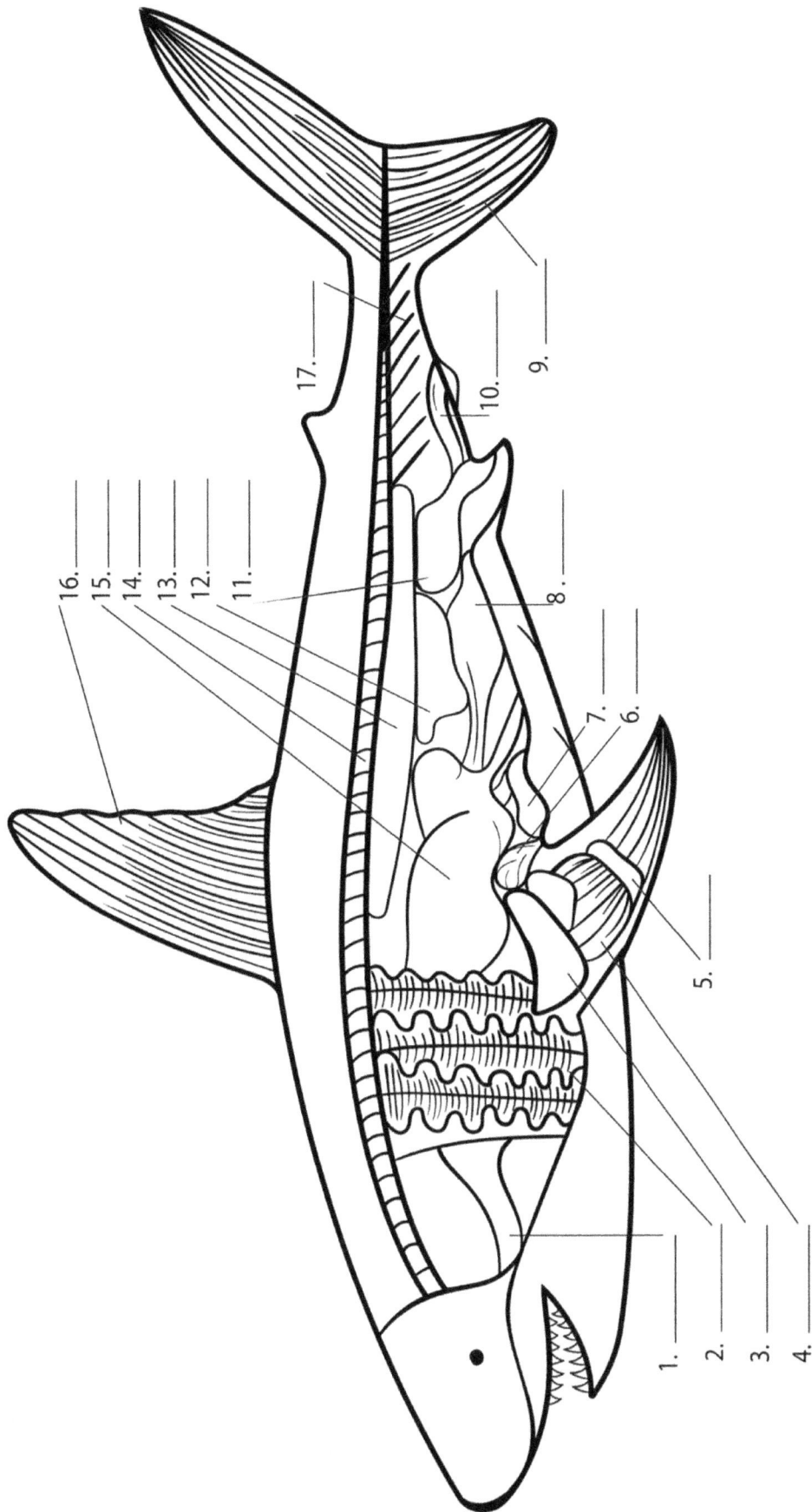

1.

2.

3.

4.

5.

6.

7.

8.

9.

10.

11.

12.

13.

14.

15.

16.

17.

ABSCHNITT 33 HAIFISCH

1. Speiseröhre
2. Kiemen
3. Knorpel
4. Feiner Knorpel
5. Brustflossenhalterung
6. Herz
7. Bewerten Sie
8. Gebärmutter
9. Laub-Lamelle
10. Cloaca
11. Intestine
12. Niere
13. Leber
14. Wirbel
15. Magen
16. Rückenflosse

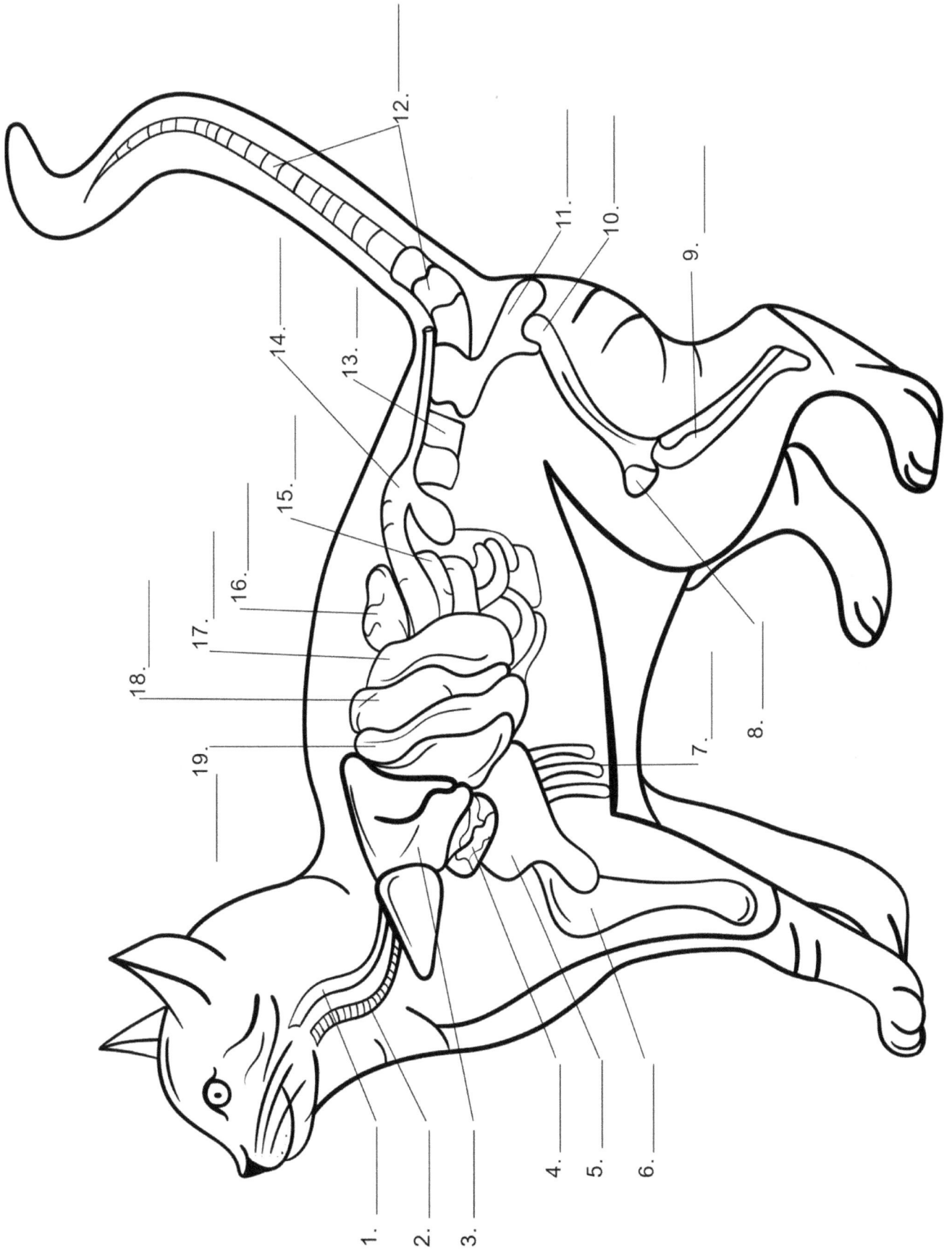

1.

2.

3.

4.

5.

6.

7.

8.

9.

10.

11.

12.

13.

14.

15.

16.

17.

18.

19.

ABSCHNITT 34 HAUSKATZE

1. Luftröhre
2. Speiseröhre
3. Lunge
4. Herz
5. Schulterblatt
6. Oberarmknochen
7. Küsten
8. Pattela
9. Schienbein und Wadenbein
10. Oberschenkelknochen
11. Becken
12. Coccygealwirbel
13. Lendenwirbel
14. Doppelpunkt
15. Intestine
16. Niere
17. Bewerten Sie
18. Magen
19. Leber

ABSCHNITT 35 HAUSHUND

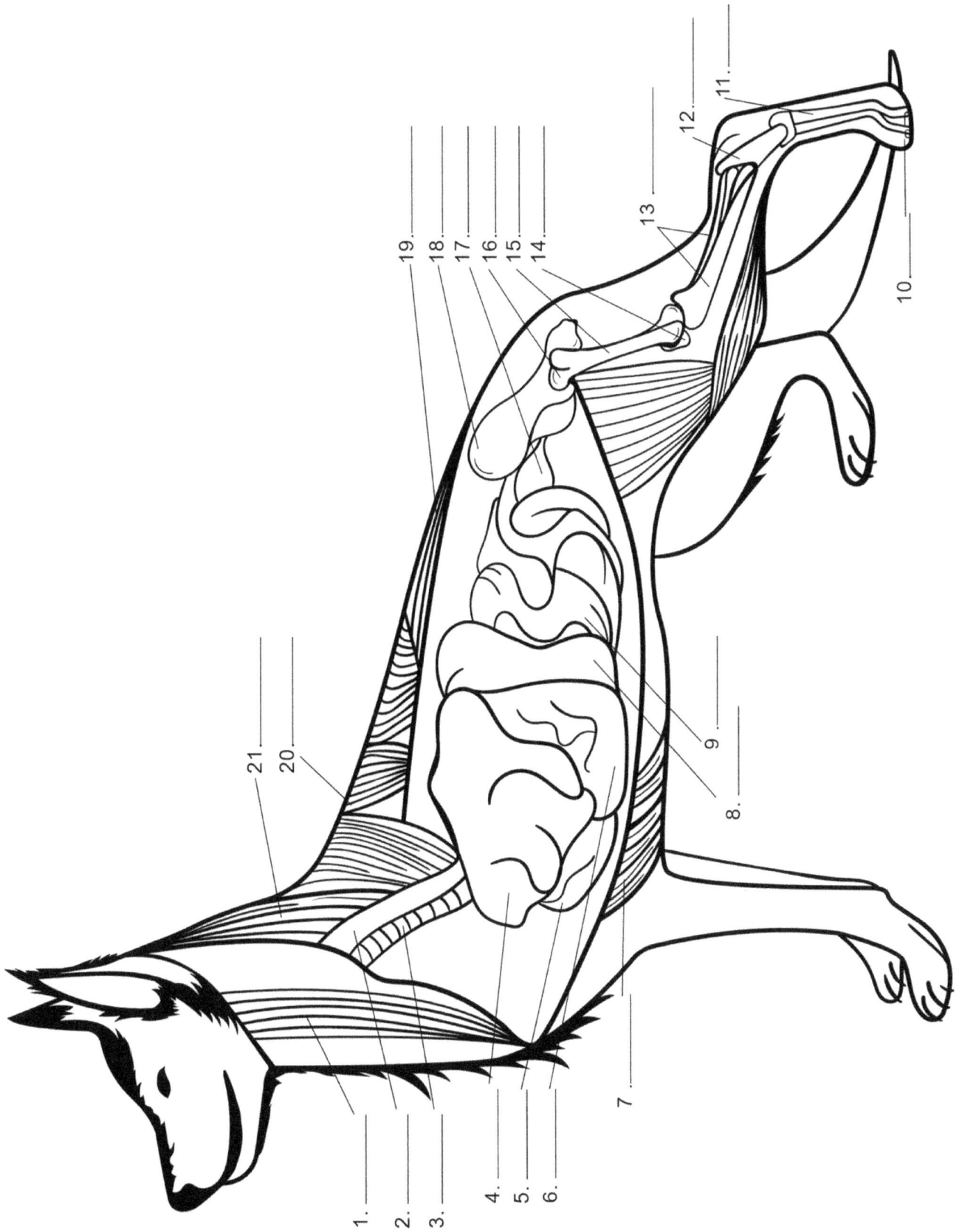

ABSCHNITT 35 HAUSHUND

1. Sternomastoideus
2. Speiseröhre
3. Luftröhre
4. Lunge
5. Herz
6. Leber
7. Pectoralis profundus
8. Magen
9. Intestine
10. Zehenspitzen
11. Mittelfußknochen
12. Sprunggelenk
13. Schienbein und Wadenbein
14. Patella
15. Oberschenkelknochen
16. Hüftgelenk
17. Niere
18. Becken
19. Der M. longissimus und Iliocostalis
20. Trapez
21. M. Cleidocervicalis

ABSCHNITT 36 KROKODIL

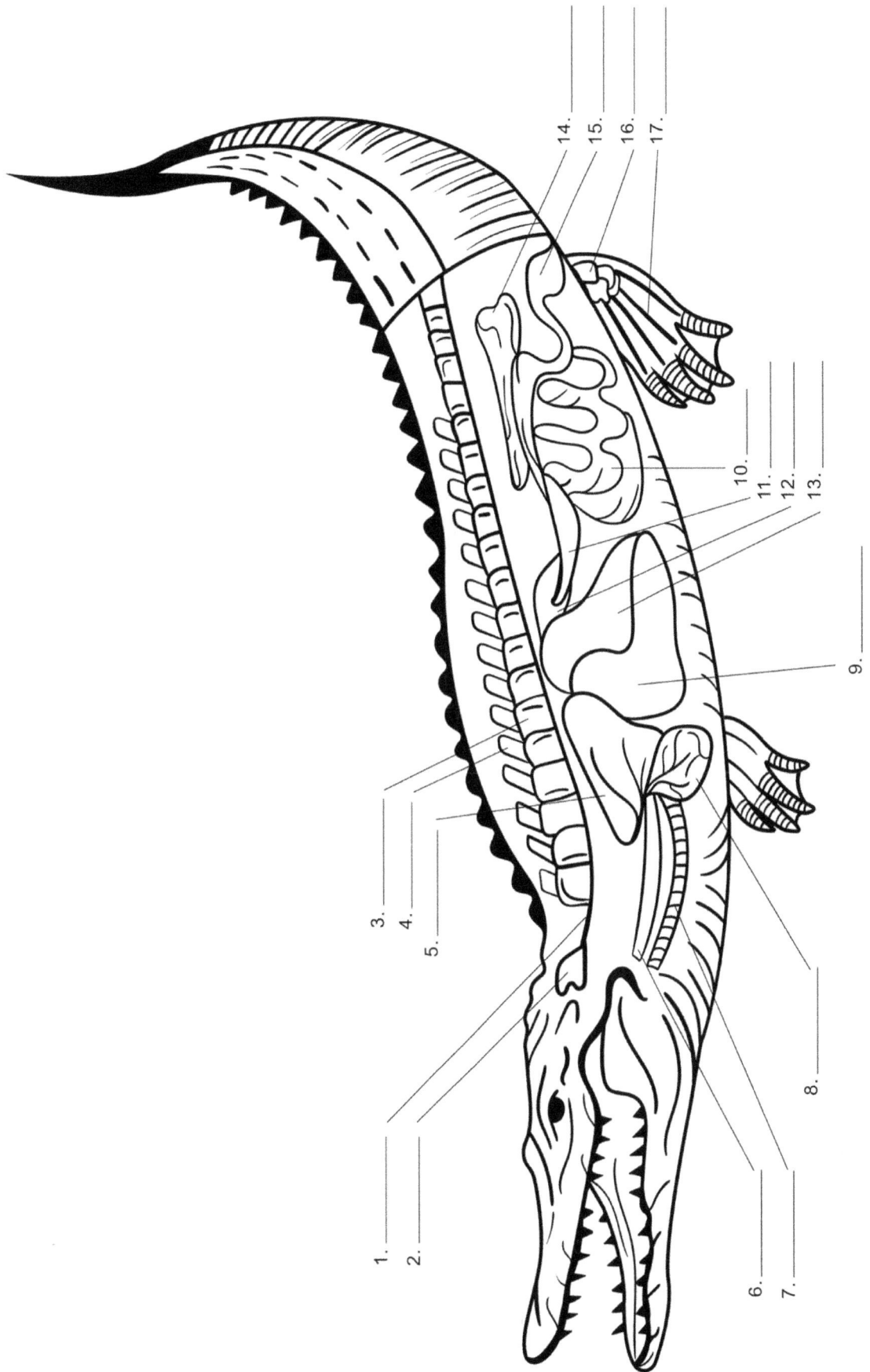

ABSCHNITT 36 KROKODIL

1. Rückenmark
2. Cervelet
3. Wirbel
4. Küsten
5. Lunge
6. Speiseröhre
7. Luftröhre
8. Herz
9. Leber
10. Intestine
11. Hoden
12. Bewerten Sie
13. Magen
14. Niere
15. Cloaca
16. Tarsus
17. Metatarsus

ABSCHNITT 37 KANINCHEN

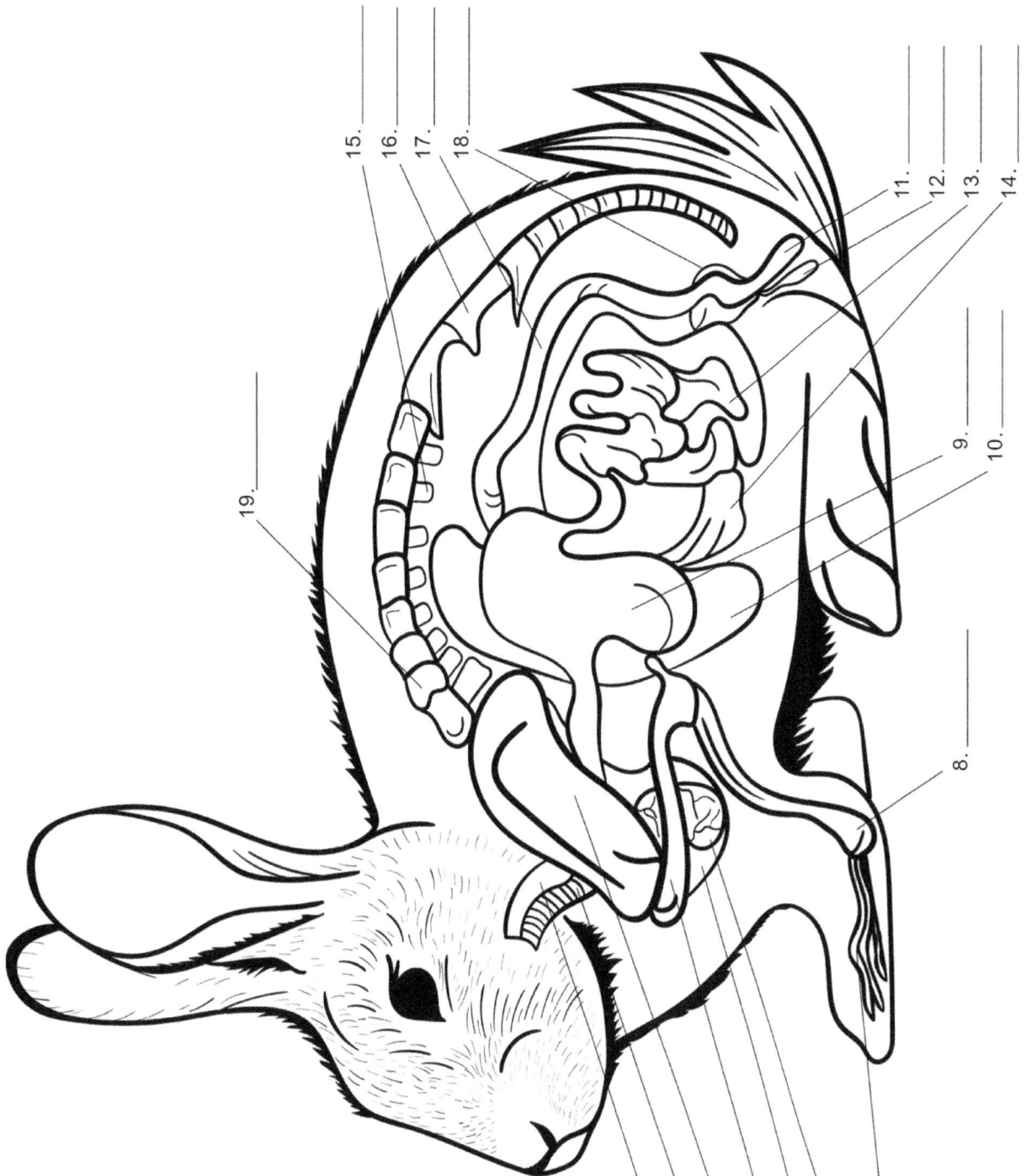

ABSCHNITT 37 KANINCHEN

1. Speiseröhre
2. Luftröhre
3. Schulterblatt
4. Oberarmknochen
5. Lunge
6. Herz
7. Zehenspitzen
8. Radius & Ulna
9. Magen
10. Leber
11. Rektum
12. Harnröhre
13. Dickdarm
14. Anhang
15. Küsten
16. Wirbelsäule
17. Dünndarm
18. Blase
19. Wirbel

ABSCHNITT 38 TAUBE

1. _____

2. _____

3. _____

4. _____

5. _____

6. _____

7. _____

8. _____

9. _____

10. _____

11. _____

12. _____

14. _____

13. _____

ABSCHNITT 38 TAUBE

1. Speiseröhre

2. Luftröhre

3. Lunge

4. Kultur

5. Herz

6. Gésier

7. Niere

8. Zwölffingerdarm

9. Ureter

10. Cloaca

11. Rektum

12. Bauchspeicheldrüse

13. Leber

14. Magen

ABSCHNITT 39 GIRAFFE

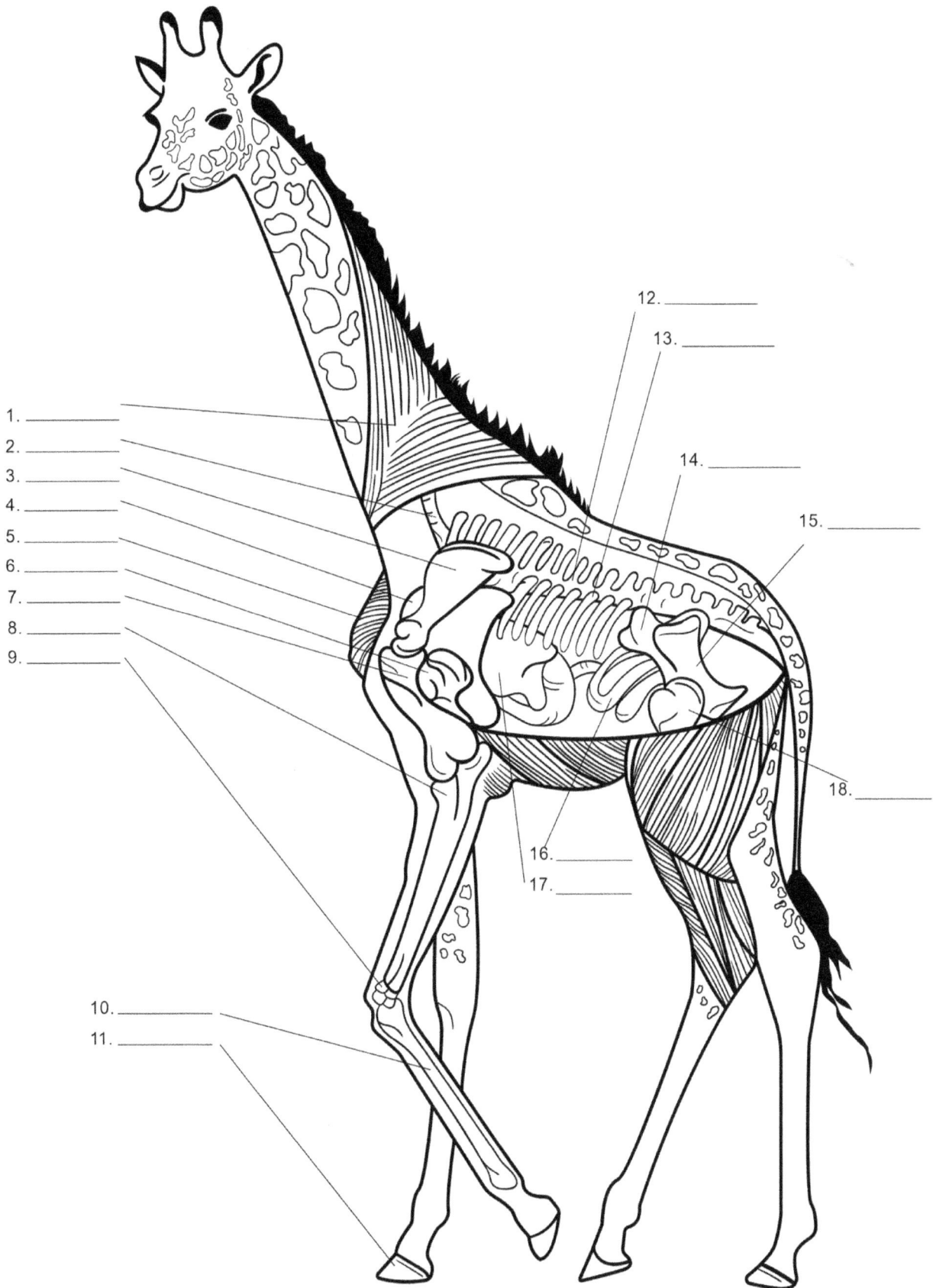

1. _____
2. _____
3. _____
4. _____
5. _____
6. _____
7. _____
8. _____
9. _____

10. _____
11. _____

12. _____
13. _____
14. _____
15. _____

16. _____
17. _____

18. _____

ABSCHNITT 39 GIRAFFE

1. Trapez
2. Speiseröhre
3. Schulterblatt
4. Lunge
5. Trizeps
6. Herz
7. Oberarmknochen
8. Ulna
9. Karpalgelenke
10. Mittelhandknochen
11. Zehenspitzen
12. Wirbel
13. Küsten
14. Ossa-Becken
15. Schienbein
16. Intestine
17. Magen
18. Patella

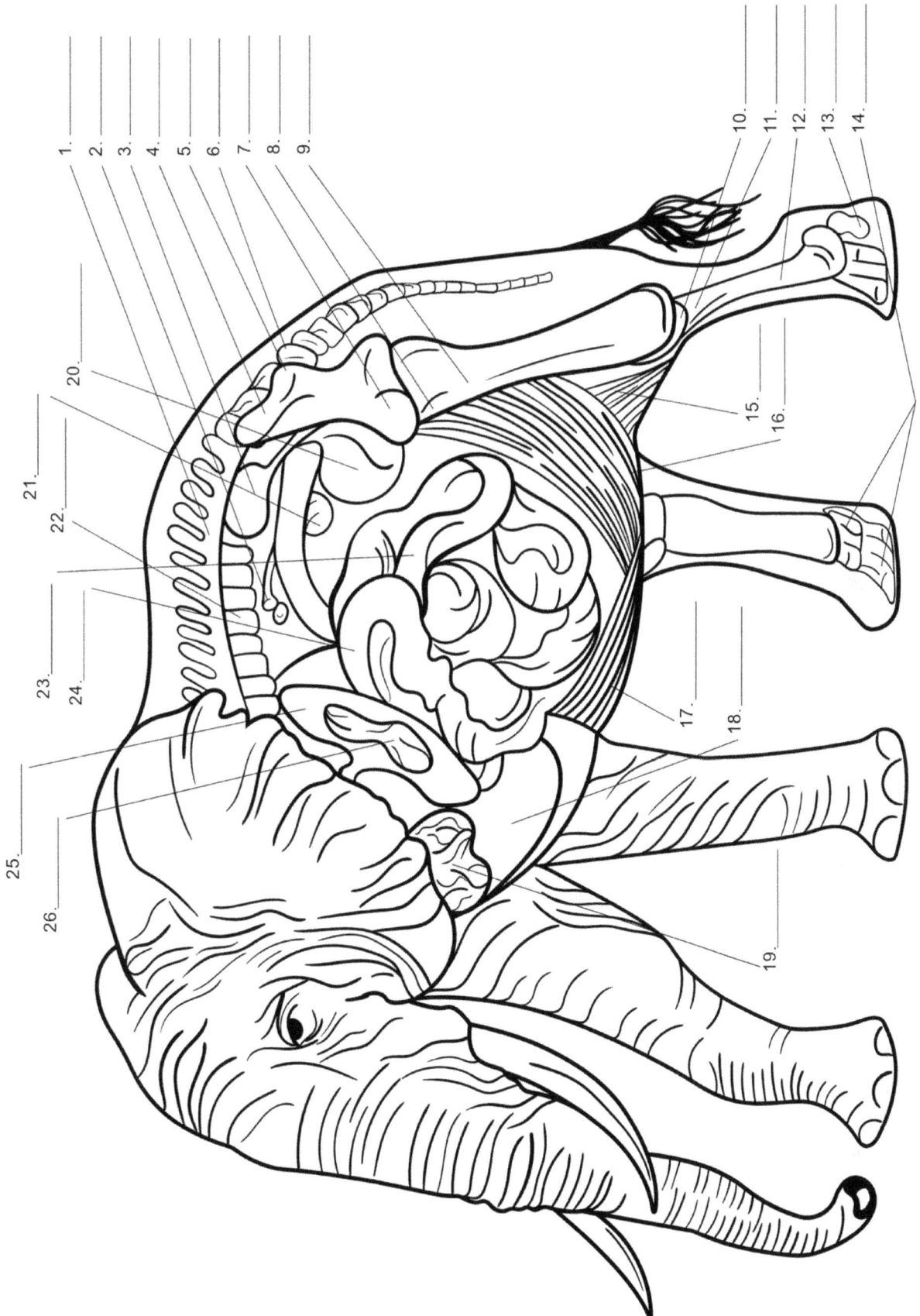

1.

2.

3.

4.

5.

6.

7.

8.

9.

10.

11.

12.

13.

14.

15.

16.

17.

18.

19.

20.

21.

22.

23.

24.

25.

26.

ABSCHNITT 40 ELEFANT

1. Wirbel

2. Eierstock

3. Niere

4. Abzeichen

5. Illium

6. Kreuzbein

7. Becken

8. Hüftgelenk

9. Oberschenkelknochen

10. Patella

11. Tuberositas tibiae

12. Schienbein und Wadenbein

13. Calcaneus

14. Karpfen und Mittelhandknochen und Phalangen

15. Vastus lateralis

16. Externer Schrägstrich abdominal

17. Pectoralis

18. Lunge

19. Herz

20. Blase

21. Gebärmutter

22. Küsten

23. Der Dickdarm

24. Dünndarm

25. Magen

26. Bewerten Sie

ABSCHNITT 41 DELPHIN

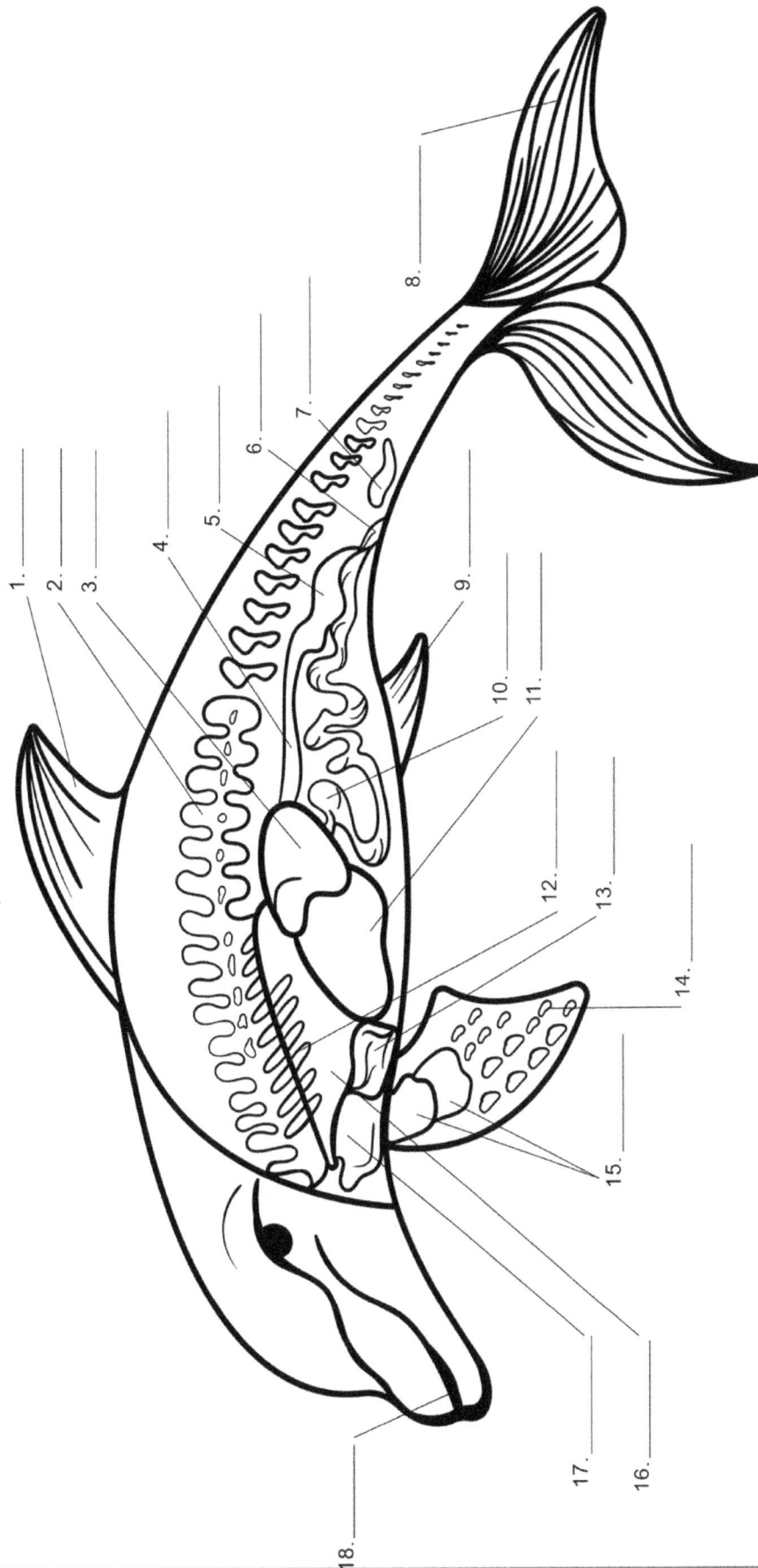

ABSCHNITT 41 DELPHIN

1. Rückenflosse
2. Die Wirbelsäule
3. Magen
4. Niere
5. Anus
6. Urogenitalspalt
7. Becken
8. Fluke
9. Flipper
10. Intestine
11. Leber
12. Rippe
13. Herz
14. Brustflosse
15. Oberarmknochen und Speiche
16. Lunge
17. Schulterblatt
18. Rostrum

ABSCHNITT 42 SCHAF

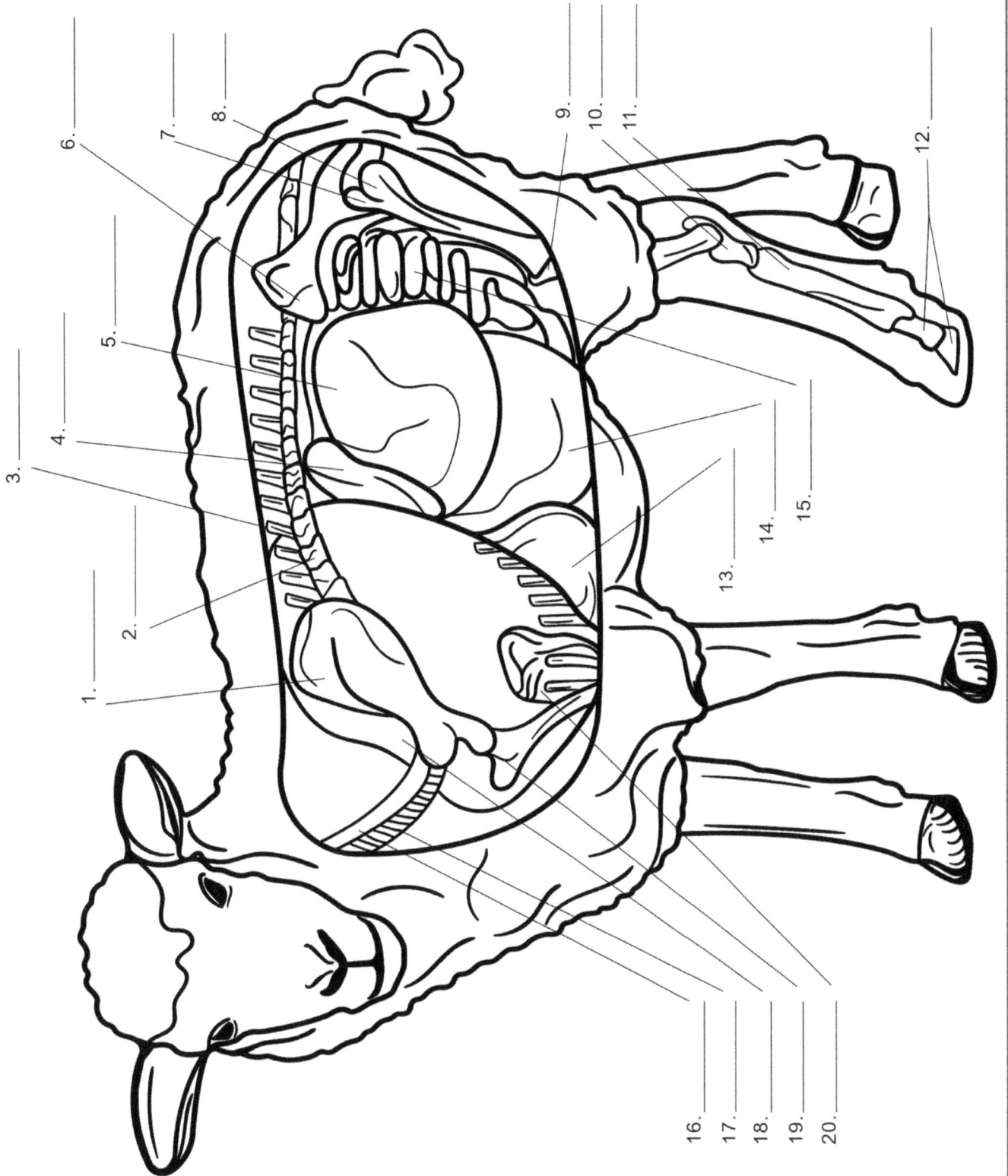

1.

2.

3.

4.

5.

6.

7.

8.

9.

10.

11.

12.

13.

14.

15.

16.

17.

18.

19.

20.

ABSCHNITT 42 SCHAF

1. Schulterblatt

2. Wirbelsäule

3. Küsten

4. Bewerten Sie

5. Pansen-Rückentasche

6. Iliosakralgelenk

7. Hüftgelenk

8. Oberschenkelknochen

9. Patella

10. Fußwurzelknochen

11. Mittelfußknochen

12. Zehenspitzen

13. Labmagen

14. Pansensack

15. Därme

16. Speiseröhre

17. Luftröhre

18. Lunge

19. Oberarmknochen

20. Herz

ABSCHNITT 43 ZIEGE

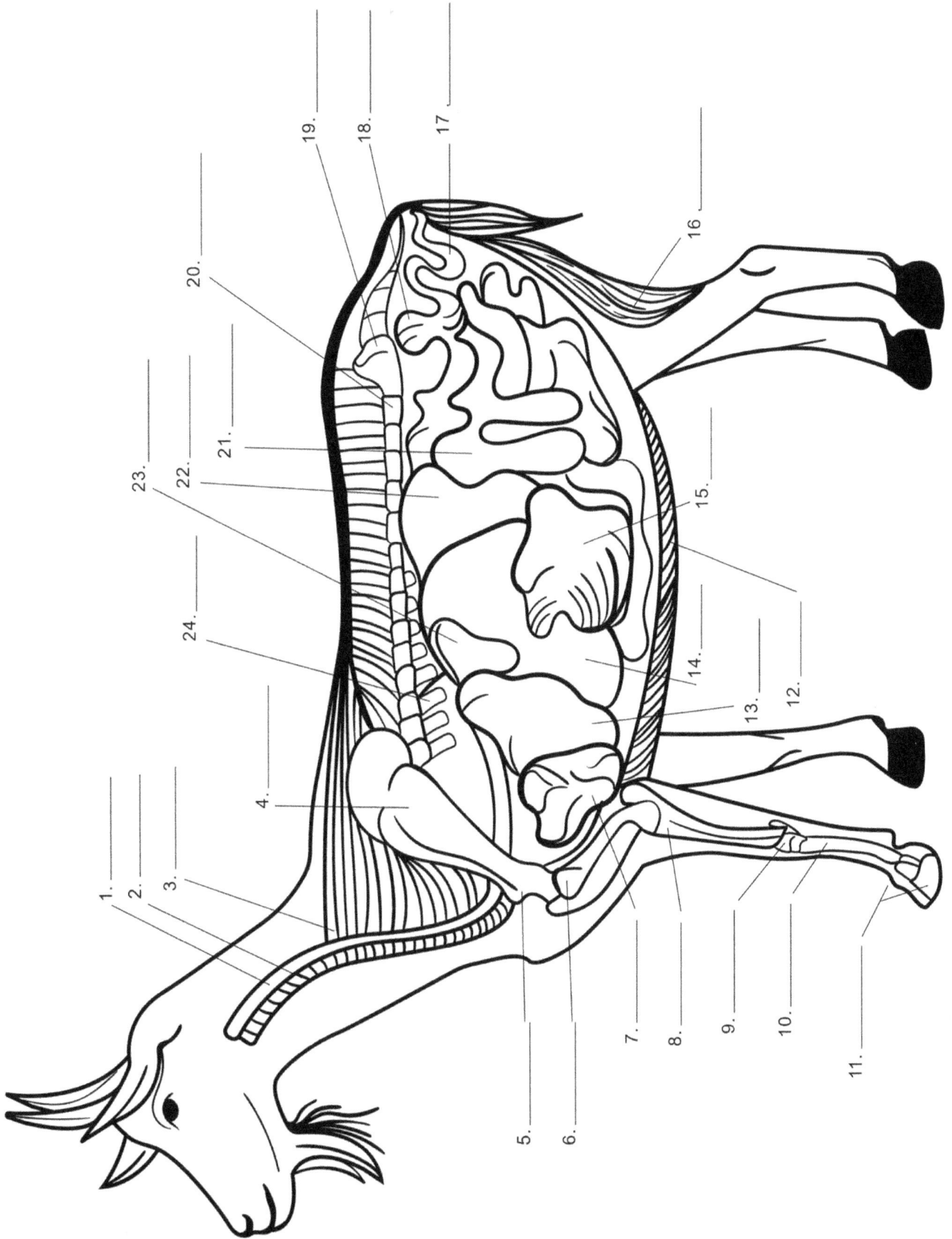

ABSCHNITT 43 ZIEGE

1. Speiseröhre
2. Luftröhre
3. Trapezmuskel
4. Schulterblatt
5. Acromion
6. Oberarmknochen
7. Herz
8. Radius & Ulna
9. Karpalknochen
10. Mittelhandknochen
11. Die Anzahl Knochen
12. Aufsteigender Brustmuskel
13. Retikulum
14. Labmagen
15. Pansensack
16. Peroneus longus
17. Rektum
18. Cecum
19. Kreuzbein
20. Wirbel
21. Intestine
22. Pansen-Rückentasche
23. Bewerten Sie
24. Küsten

ABSCHNITT 44 RAT

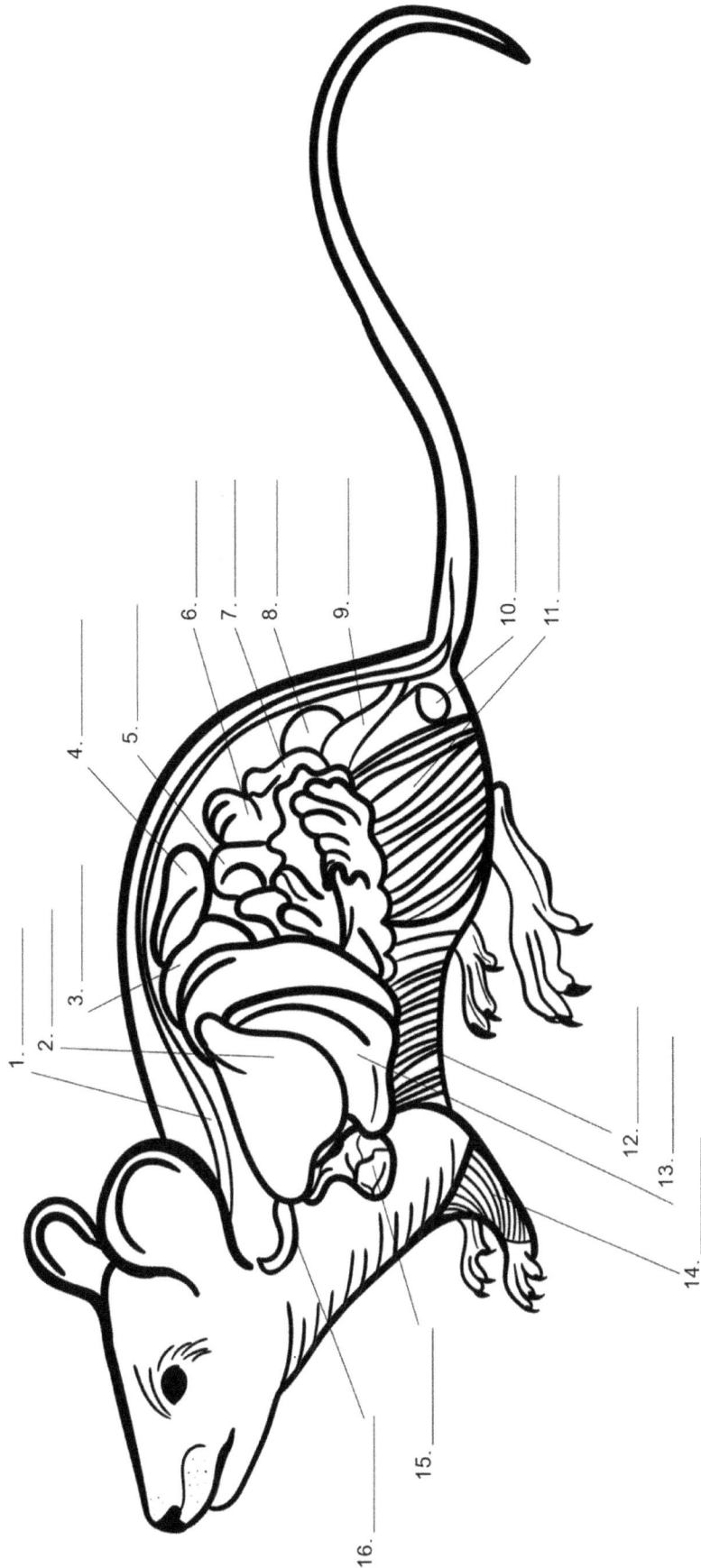

ABSCHNITT 44 RAT

1. Rückenmark
2. Lunge
3. Magen
4. Bewerten Sie
5. Niere
6. Der Dickdarm
7. Dünndarm
8. Cecum
9. Blase
10. Präputialdrüse
11. Bizeps femoris
12. Schräg nach außen
13. Leber
14. Bizeps brachii
15. Herz
16. Luftröhre

ABSCHNITT 45 PINGOUIN

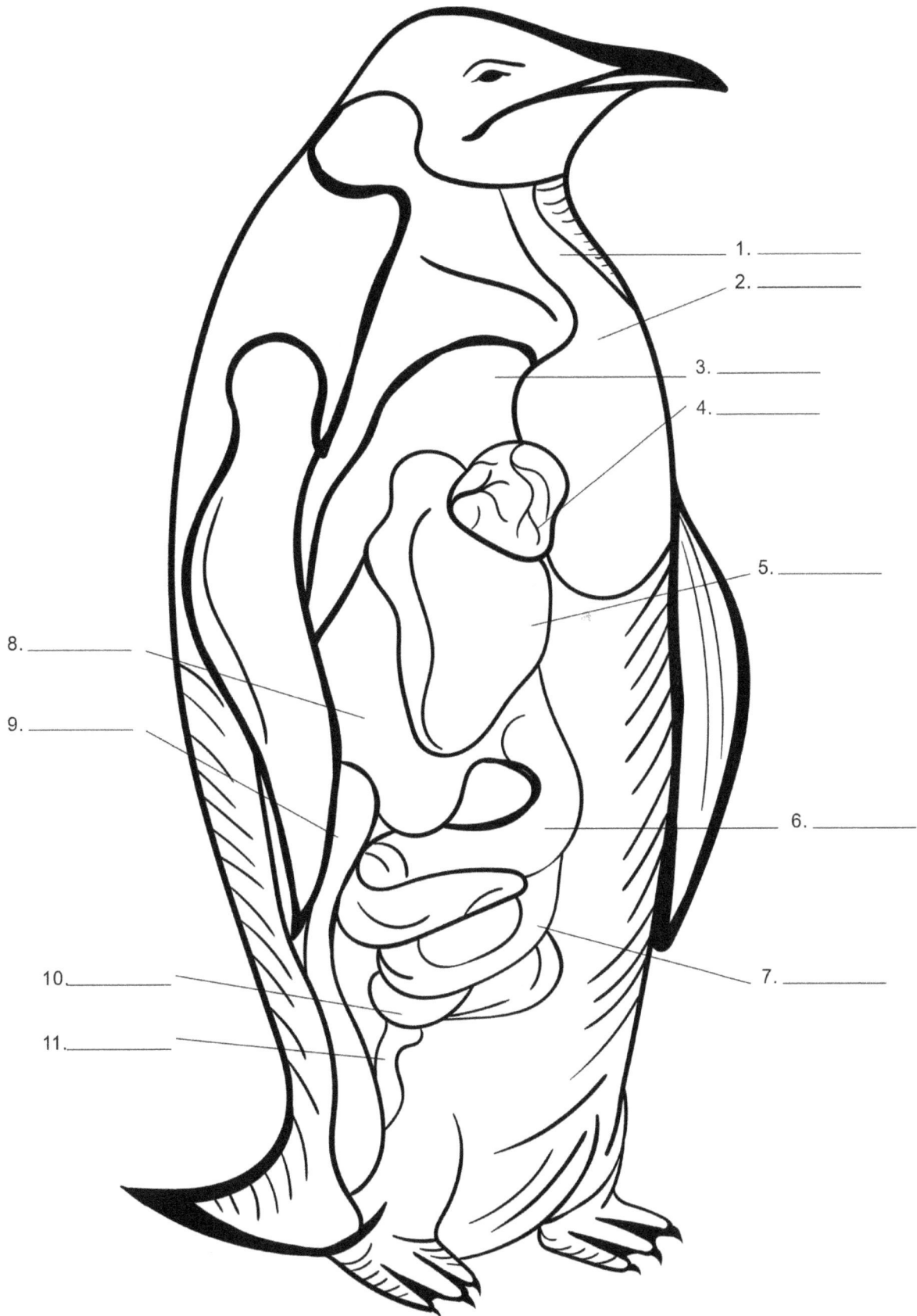

1. _____

2. _____

3. _____

4. _____

5. _____

8. _____

9. _____

6. _____

10. _____

11. _____

7. _____

ABSCHNITT 45 PINGOUIN

1. Speiseröhre
2. Kultur
3. Lunge
4. Herz
5. Leber
6. Magen
7. Dünndarm
8. Gésier
9. Niere
10. Cloaca
11. Rektum

ABSCHNITT 46 DICHTUNGEN

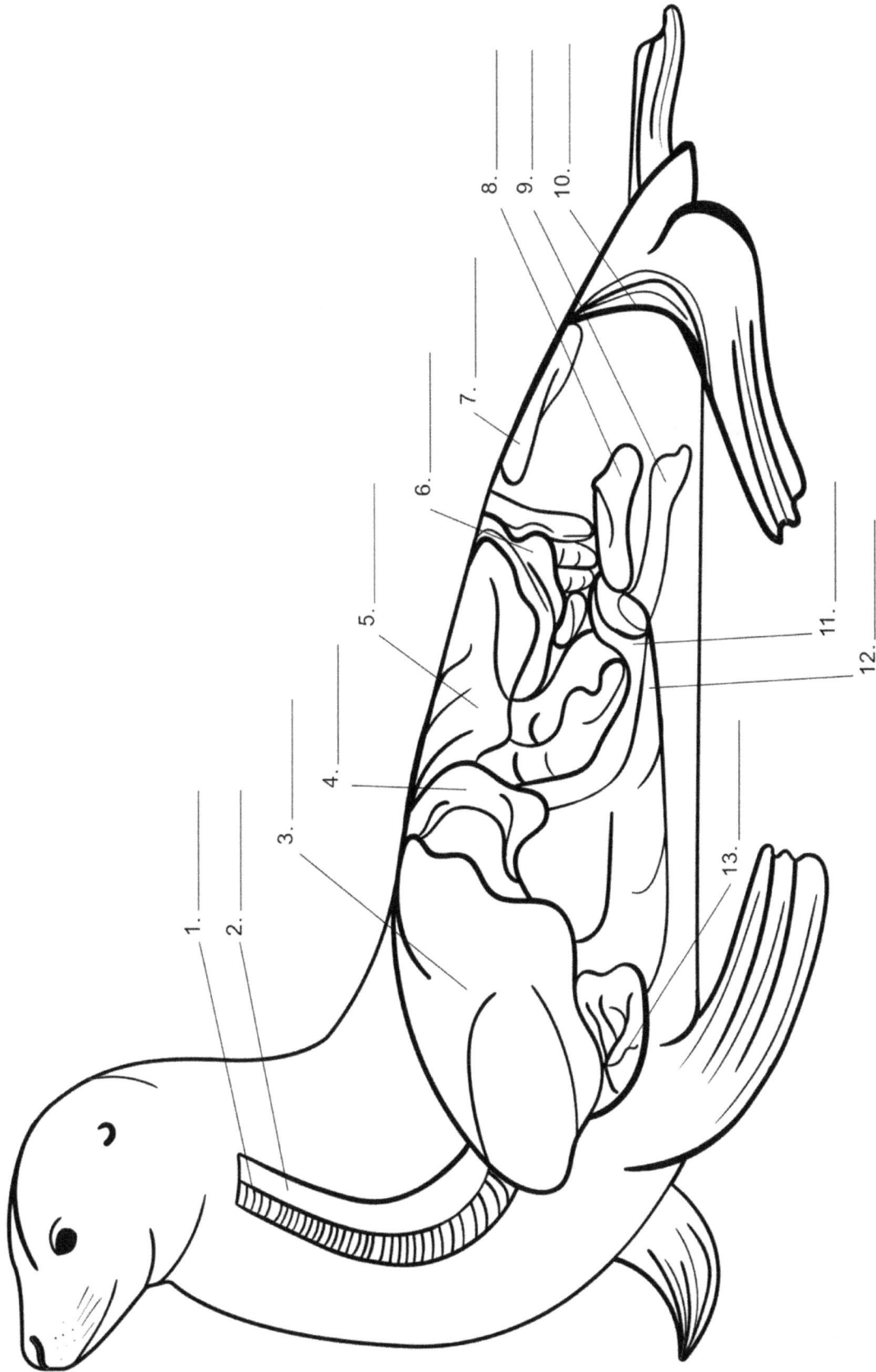

1.

2.

3.

4.

5.

6.

7.

8.

9.

10.

11.

12.

13.

ABSCHNITT 46 DICHTUNGEN

1. Speiseröhre

2. Luftröhre

3. Lunge

4. Magen

5. Niere

6. Der Dickdarm

7. Becken

8. Blase

9. Anus

10. Schwimmender Muskel

11. Dünndarm

12. Leber

13. Herz

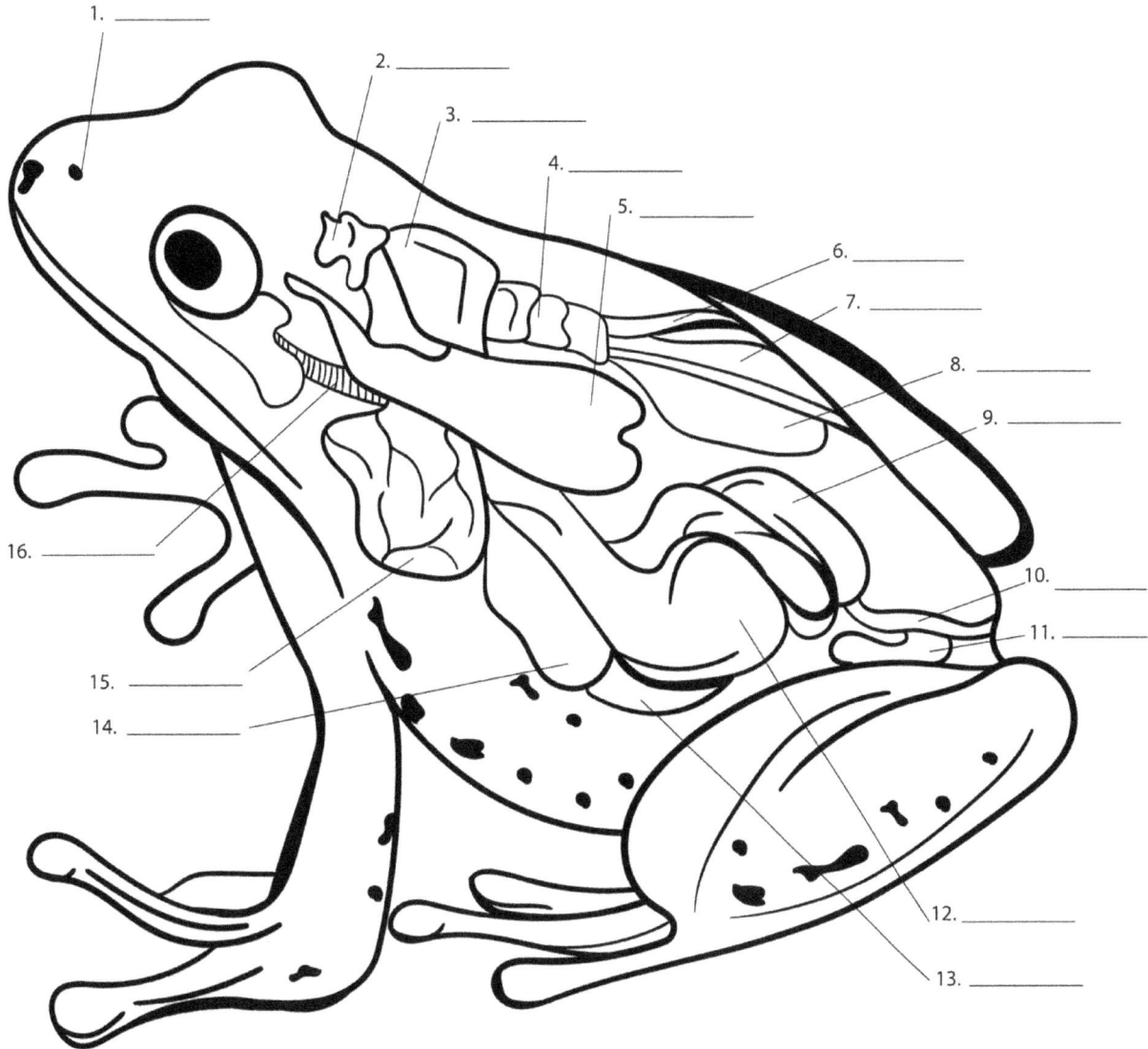

1. _____
2. _____
3. _____
4. _____
5. _____
6. _____
7. _____
8. _____
9. _____
10. _____
11. _____
12. _____
13. _____
14. _____
15. _____
16. _____

ABSCHNITT 47 FROSCH

1. Äußere Nasenlöcher
2. Atlas
3. Schulterblatt
4. Wirbel
5. Lunge
6. Urostyle
7. Kreuzbein
8. Niere
9. Intestine
10. Cloaca
11. Blase
12. Magen
13. Bauchspeicheldrüse
14. Leber
15. Herz
16. Luftröhre

ABSCHNITT 48 SERPENTIN

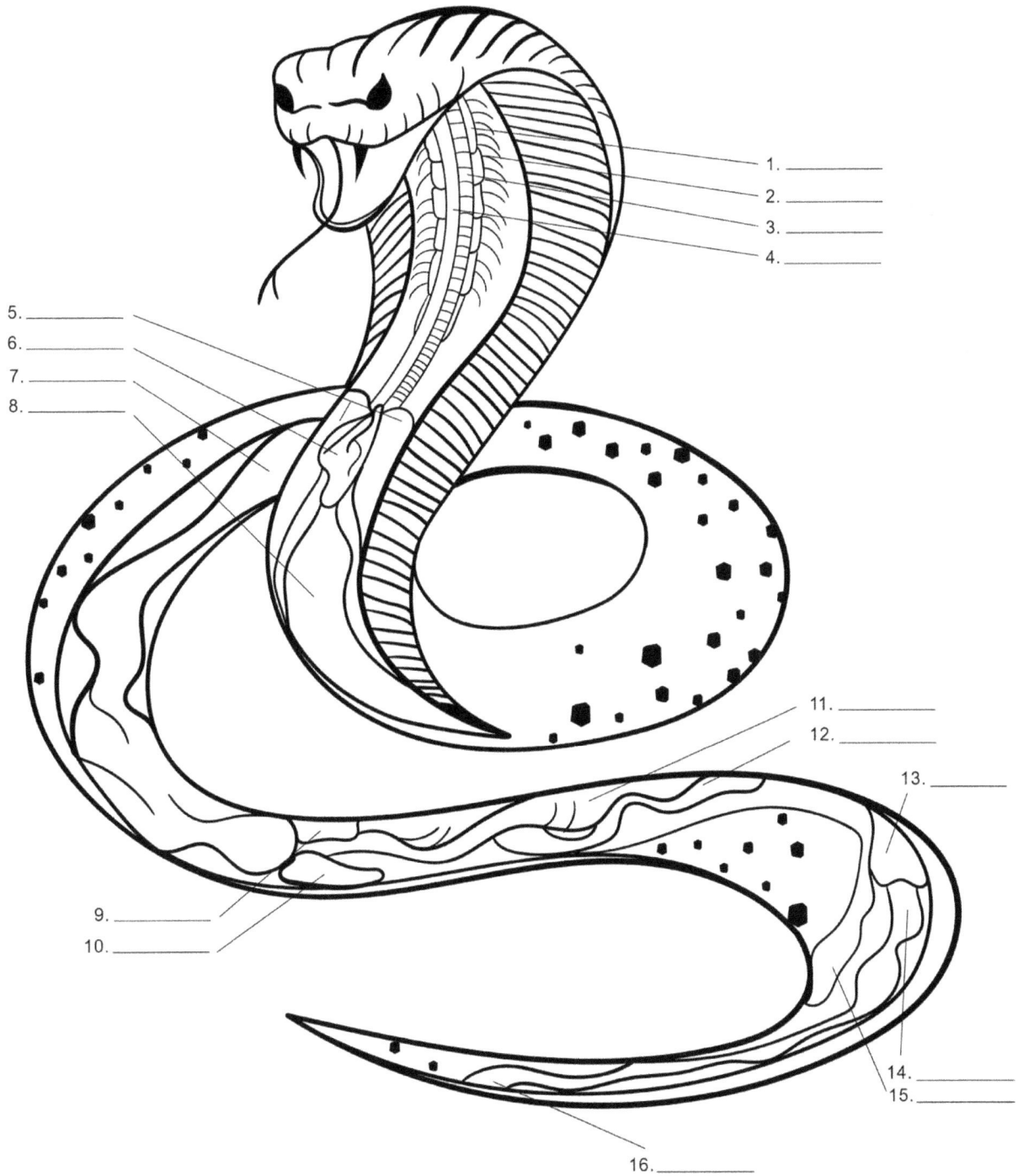

1. _____
2. _____
3. _____
4. _____

5. _____
6. _____
7. _____
8. _____

11. _____
12. _____
13. _____

9. _____
10. _____

14. _____
15. _____

16. _____

ABSCHNITT 48 SERPENTIN

1. Wirbel

2. Küsten

3. Luftröhre

4. Speiseröhre

5. Lunge

6. Herz

7. Magen

8. Leber

9. Bauchspeicheldrüse

10. Gallenblase

11. Der Dickdarm

12. Dünndarm

13. Niere

14. Rektum

15. Hoden

16. Cloaca

ABSCHNITT 49 BÄREN

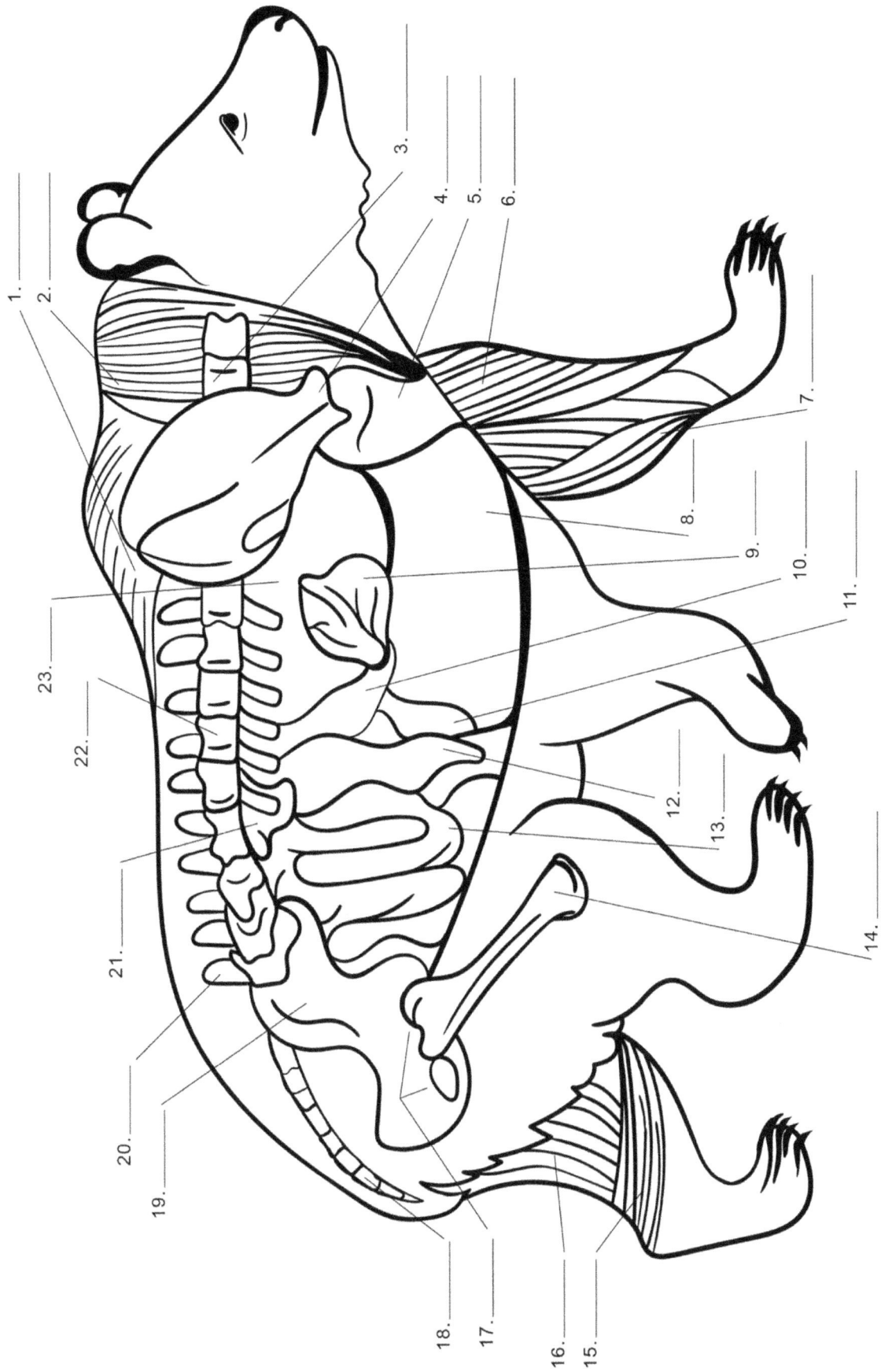

ABSCHNITT 49 BÄREN

1. Trapez
2. Schädel-Humeral
3. Halswirbelsäule
4. Schulterblatt
5. Oberarmknochen
6. Extender carpi radialis
7. Flexor carpi ulnaris
8. Magen
9. Herz
10. Leber
11. Bewerten Sie
12. Diaphragma
13. Intestine
14. Oberschenkelknochen
15. Gastroknister
16. Durchschnittliche Pobacken
17. Becken und Sitzbein
18. Caudalwirbel
19. Illium
20. Küsten
21. Niere
22. Brustwirbelsäule
23. Lunge

ABSCHNITT 50 SINGE

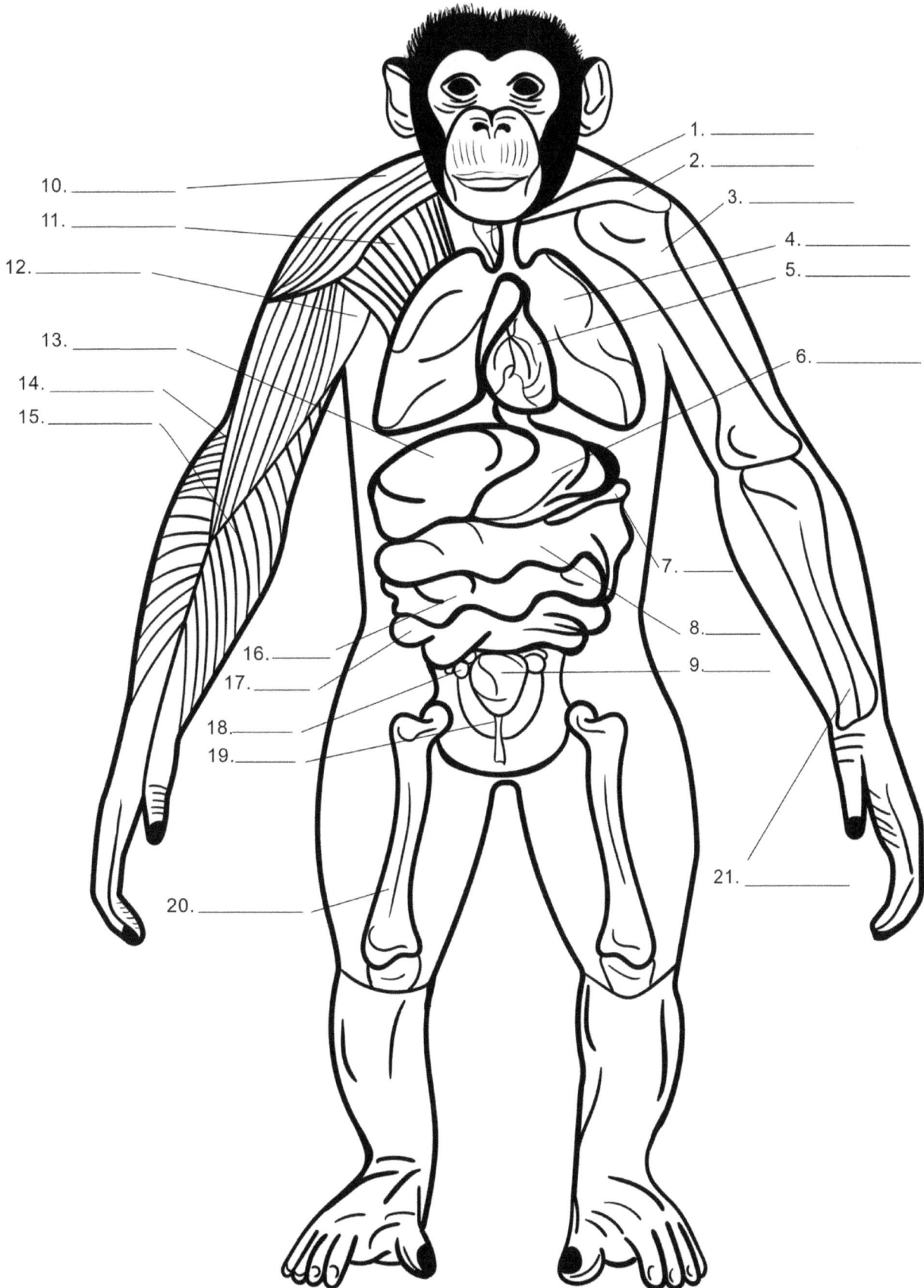

10. _____

11. _____

12. _____

13. _____

14. _____

15. _____

16. _____

17. _____

18. _____

19. _____

20. _____

1. _____

2. _____

3. _____

4. _____

5. _____

6. _____

7. _____

8. _____

9. _____

21. _____

ABSCHNITT 50 SINGE

1. Speiseröhre
2. Clavicula
3. Oberarmknochen
4. Lunge
5. Herz
6. Magen
7. Bewerten Sie
8. Der Dickdarm
9. Blase
10. Deltoid
11. Pektorale
12. Armbeuger
13. Leber
14. Streckmuskel
15. Beugemuskeln
16. Dünndarm
17. Cecum
18. Eierstock
19. Harnröhre
20. Oberschenkelknochen
21. Radius & Ulna

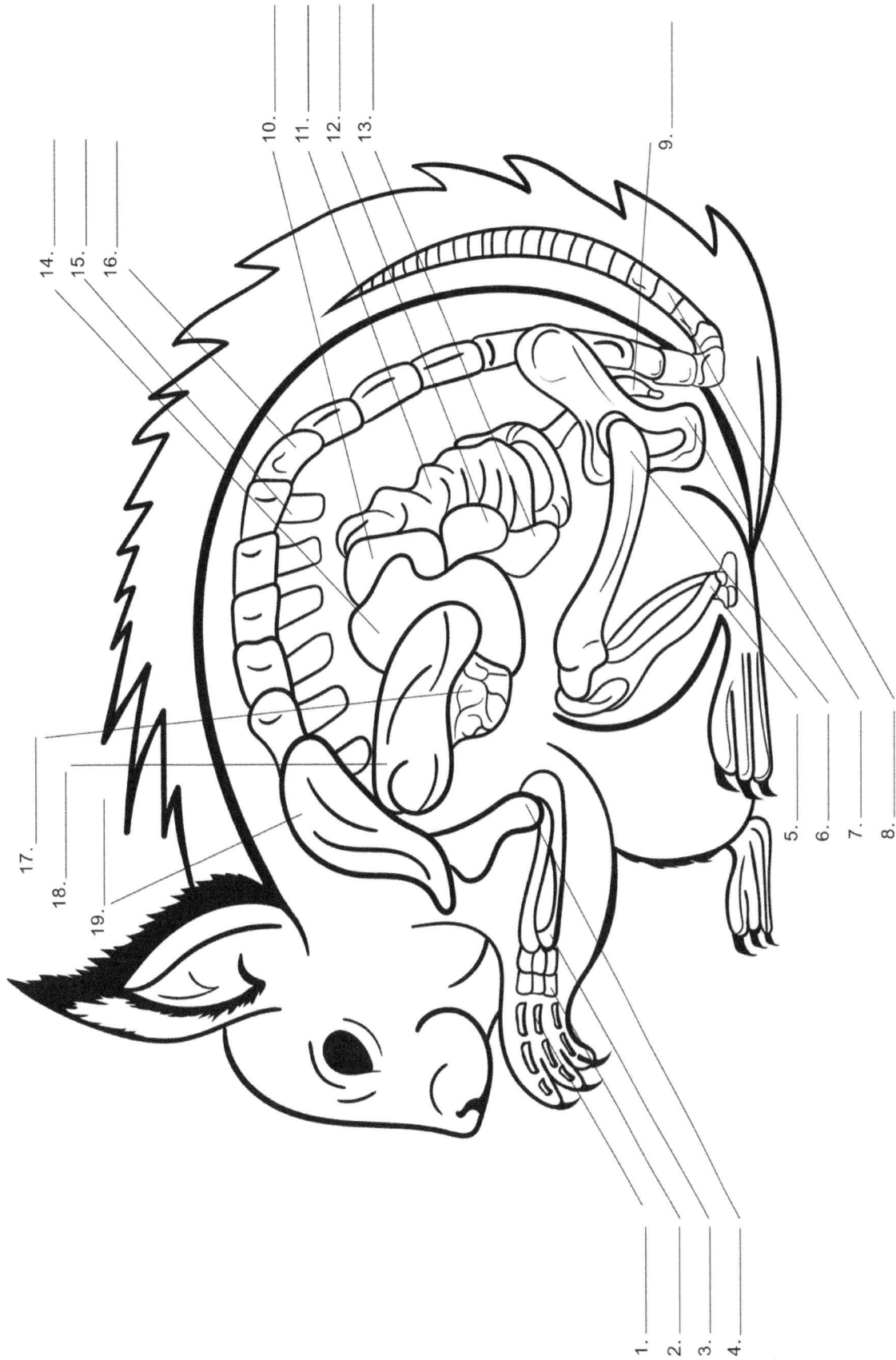

1.
2.
3.
4.
5.
6.
7.
8.
9.
10.
11.
12.
13.
14.
15.
16.
17.
18.
19.

ABSCHNITT 51 EICHHÖRNCHEN

1. Zehenspitzen
2. Karpfen und Mittelhandknochen
3. Radius & Ulna
4. Oberarmknochen
5. Schienbein und Wadenbein
6. Oberschenkelknochen
7. Ischium
8. Caudalwirbel
9. Harnröhre
10. Der Dickdarm
11. Dünndarm
12. Niere
13. Leber
14. Magen
15. Küsten
16. Wirbel
17. Herz
18. Lunge
19. Schulterblatt

www.ingramcontent.com/pod-product-compliance
Lightning Source LLC
Chambersburg PA
CBHW051350200326
41521CB00014B/2526